Olanike Ajayi

Efeito dos tóxicos inorgânicos da lagoa de Okobaba em Clarias gareipinus

Olanike Ajayi

Efeito dos tóxicos inorgânicos da lagoa de Okobaba em Clarias gareipinus

ScienciaScripts

Cover image: www.ingimage.com

This book is a translation from the original published under ISBN 978-613-8-51099-4.

Publisher:
Sciencia Scripts
is a trademark of
Dodo Books Indian Ocean Ltd. and OmniScriptum S.R.L publishing group

120 High Road, East Finchley, London, N2 9ED, United Kingdom
Str. Armeneasca 28/1, office 1, Chisinau MD-2012, Republic of Moldova, Europe
Printed at: see last page
ISBN: 978-620-8-20728-1

DEDICAÇÃO

Este trabalho de seminário é dedicado ao DEUS ALTÍSSIMO pela sua inspiração e orientação ao longo desta investigação e à minha filha, que te ama, Kikiope.

RECONHECIMENTO

Os meus sinceros agradecimentos à minha supervisora, a Dra. T. Shogbanmu, pelos seus impactos positivos no decurso deste projeto e pelas suas correcções que, sem dúvida, fizeram sobressair o melhor de mim e por me ter permitido tirar sempre partido da sua vasta riqueza de conhecimentos e experiência.

Estou em dívida para com o meu marido por todas as suas contribuições para a conclusão bem sucedida deste programa de mestrado, apoiando-me moral, financeiramente e com orações e palavras de encorajamento. Estou igualmente grata ao meu pai pelo seu apoio. Que Deus continue a abençoá-los e a sustentá-los.

Um grande obrigado aos meus irmãos, todos eles me apoiaram. Finalmente, à minha falecida mãe, obrigado por tudo o que fizeste. Que a tua bela alma continue a descansar em paz, Ámen.

ÍNDICE DE CONTEÚDOS

CAPÍTULO 1 7

CAPÍTULO 2 13

CAPÍTULO 3 47

CAPÍTULO 4 58

CAPÍTULO 5 76

LISTA DE ABREVIATURAS

μg/ml.............................. Microgram per milliliter

ANOVA.......................... Analysis of variance

WHO...............................World Health Organization

EPA...............................Environmental Protection Agency

AAS...............................Atomic Absorption Spectrophotometer

APHA............................American Public Health Association

TDS...............................Total dissolved solids

USEPA..........................United State Environmental Protection Agency

SD ....Standard Deviation

DO............................... Dissolved Oxygen

RESUMOS

A lagoa de Okobaba, no centro de Lagos, é uma massa de água que está sujeita ao impacto direto do movimento das serrações e de outras fontes locais de contaminação da massa de água. Este estudo investigou o nível dos parâmetros físico-químicos da água e dos metais pesados das amostras de água, sedimentos e peixes da lagoa de Okobaba. Os parâmetros físico-químicos foram medidos in situ utilizando o medidor de qualidade da água Horiba U-50. Os metais pesados foram determinados utilizando o método AAS. Os resultados das análises da água da lagoa mostraram que o Oxigénio Dissolvido (DO) tinha a média de 12,67 mg/l, Temperatura de 26,79^0 C, pH de 8,49, Sólido Dissolvido Total de 0,68, Turbidez tem a média mais alta de 62,43, Chumbo de 304,95mg/l, zinco de 57,32, manganês 42,71, cobre 7,03, crómio 3,23, níquel 2,16 e cádmio 0,20. Neste estudo, foram efectuados testes de toxicidade aguda de acordo com o procedimento de bioensaio estático não renovável. O desenho experimental consistiu num controlo e em cinco concentrações de cada metal, com duas réplicas por grupo. O valor LC50 de 96 horas com base na análise probit do sulfato de cobre ($CuSO_4.5H_2O$) e do cloreto de zinco ($ZnCl_2$) foi de 2,7 mg/l e 16,51 mg/l, respetivamente. Este estudo investigou as alterações histopatológicas, o stress oxidativo e as actividades das enzimas anti-oxidantes de *C. gariepinus* como biomarcadores da exposição a metais pesados utilizando bioensaios laboratoriais. Os pós-juvenis de *Clarias gariepinus* foram expostos a 10% de $CuSO_4$ e $ZnCl_2$ com valores de CL50 de 96 horas contra cada espécie, respetivamente, durante 21 dias. Os estudos bioquímicos mostraram que o nível de glutatião reduzido (GSH) e as actividades da superóxido dismutase (SOD) e da glutatião-transferase (GST) no fígado diminuíram significativamente, enquanto as actividades da catalase diminuíram significativamente após o período de exposição de 21 dias, em comparação com o controlo. O teste da função hepática revelou que a AST e a ALP estavam significativamente reduzidas, enquanto a ALT estava significativamente reduzida. O estudo histológico indicou que o fígado e as brânquias dos peixes apresentavam várias alterações patológicas. Foram também administrados questionários nas comunidades em redor da zona para avaliar a natureza e o conhecimento das actividades e dos seus impactos na zona. Os resultados da administração dos questionários revelaram que mais de 5 toneladas métricas de pó de serra eram geradas semanalmente, armazenadas na costa e queimadas ou arrastadas pela água para a lagoa. Em conclusão, estes resultados demonstram a necessidade de uma aplicação rigorosa e direcionada das leis de gestão de resíduos na secção de Okobaba da lagoa de Lagos. Isto evitará uma maior deterioração do ambiente e um impacto negativo na pesca e na vida aquática da lagoa de Lagos.

CAPÍTULO 1

1.1 INTRODUÇÃO

1.1 Ecossistema aquático

O meio aquático constitui uma parte importante do ambiente e dos recursos da zona em causa. Por conseguinte, a sua segurança está diretamente relacionada com a saúde humana. A poluição, a perda de biodiversidade e a destruição dos habitats são provavelmente as principais ameaças ambientais para os ecossistemas aquáticos. Além disso, a contaminação excessiva dos ecossistemas aquáticos tem suscitado grandes preocupações ambientais e de saúde em todo o mundo (Velma *et al.*, 2010). Os poluentes podem induzir várias respostas biológicas nos organismos aquáticos, afectando os organismos desde o nível bioquímico até ao nível da população-comunidade (Eder *et al.*, 2004), e causar vários efeitos nocivos na vida selvagem (Mazet *et al.*,2005).A poluição do ambiente aquático com metais pesados tornou-se um problema mundial durante os últimos anos, porque eles são indestrutíveis e a maioria deles tem efeitos tóxicos sobre os organismos (MacFarlane e Burchett,2000). Entre os poluentes ambientais, os metais são particularmente preocupantes, devido ao seu potencial efeito tóxico e à sua capacidade de bioacumulação nos ecossistemas aquáticos (Censi *et al.*, 2006).

1.2 Recursos Pesqueiros na Lagoa de Lagos

A Nigéria é rica em recursos pesqueiros e os peixes são as principais fontes de proteínas no país. Os alimentos derivados do ambiente aquático variam em forma, tamanho, cor e sabor e podem ser agrupados em dois grupos: peixes ósseos e crustáceos. A nível nutricional, não são significativamente diferentes. Os dois grupos de crustáceos importantes para a alimentação humana são os moluscos e os artrópodes. Enquanto os moluscos consistem em bivalves com conchas de duas peças, os artrópodes compreendem biota como lagostas, camarões, lagostins e caranguejos (Ogunlade *et al.*, 2005).

A literatura sobre mariscos na Lagoa de Lagos é escassa; no entanto, os relatórios revelaram a existência de diversas espécies de mariscos. O declínio da até então viável pesca comercial artesanal de marisco aponta para a degradação ambiental e possíveis alterações na qualidade da água com consequências biológicas para a biota (Oribhabor e Ezenwa, 2005). Os peixes ósseos constituem os principais componentes da maioria dos habitats aquáticos e são importantes bioindicadores dos níveis de resíduos nos ecossistemas aquáticos. A ingestão é a principal fonte de exposição humana a metais pesados, especialmente o consumo de marisco proveniente de zonas contaminadas (Schlummer *et al.*, 1998). A idade de um organismo e a sua posição na cadeia alimentar, o teor de lípidos nos tecidos e os meios de alimentação são os factores que afectam o nível de poluição potencial.

A faixa costeira da Nigéria tem estuários e lagoas como zona de transição entre ela e os numerosos rios e riachos que correm para sul, para o Oceano Atlântico. A Nigéria tem uma variedade de estabelecimentos industriais que produzem diferentes resíduos e efluentes industriais. Os estabelecimentos industriais de Lagos representam mais de 40% de todas as indústrias da Nigéria. A proliferação de aglomerados urbanos e bairros de lata em Lagos levou também a um aumento da pressão humana e à produção de efluentes domésticos, que acabam por chegar à Lagoa de Lagos. A lagoa recebe, por conseguinte, uma mistura complexa de resíduos domésticos e industriais e tem servido de sumidouro final para a eliminação de águas residuais.

1.3 Poluição por metais pesados

Entre os vários poluentes tóxicos, os metais pesados representam um grupo de elementos nocivos devido ao seu forte impacto na estabilidade dos ecossistemas aquáticos, toxicidade, persistência e tendência para a acumulação (Bogut *et al.*, 2006). A contaminação por metais pesados é um problema importante do ambiente, especialmente das cidades de média dimensão em crescimento nos países em desenvolvimento, principalmente devido a níveis de poluição não controlados provocados por factores causais como o crescimento industrial. A contaminação por metais pesados pode ocorrer devido a factores que incluem a irrigação com água contaminada, a adição de fertilizantes e pesticidas à base de metais, emissões industriais, transporte, processo de colheita, armazenamento e/ou venda (Radwan e Salama, 2006; Tuzen e Soylak, 2007; Duran *et al.*, 2007).

Os metais pesados são poluentes ambientais importantes que ameaçam a saúde das populações humanas e os ecossistemas naturais (Cruz-Guzman *et al.*, 2003). Estão normalmente presentes em baixas concentrações nos ambientes aquáticos, mas os depósitos de origem antropogénica aumentaram as suas concentrações, causando problemas ambientais nos lagos. Os metais pesados entram nos ecossistemas aquáticos a partir de diferentes fontes antropogénicas e naturais, incluindo esgotos domésticos ou industriais, lixiviação de lixeiras/aterros sanitários, depósitos atmosféricos e escoamento de tempestades de areia (Forstners e Wittmann, 1983). A descarga de metais pesados em ambientes aquáticos pode alterar tanto os ecossistemas como a diversidade das espécies aquáticas, devido ao seu comportamento de acumulação e toxicidade (Heath, 1987; Allen, 1995).

Tem havido um interesse crescente em descobrir a concentração de metais presentes nos sedimentos marinhos (Ergin, 1991). Muitos estudos descobriram que os metais pesados, como o cádmio (Cd), o crómio (Cr) e o cobre (Cu), ocorrem naturalmente na água, no solo e no biota e são micronutrientes importantes e necessários para os organismos vivos, mas são tóxicos em determinadas concentrações. As suas concentrações dependem da geologia local, bem como das actividades antropogénicas (Cui, 2004). Os níveis elevados destes metais pesados no ambiente podem ter origem em vias naturais ou antropogénicas (Wilson, 2007). Os peixes são amplamente utilizados na avaliação da qualidade do ambiente aquático e como bioindicadores da poluição ambiental (Lopez *et al.*, 2001). Assim, os estudos de campo sobre os efeitos adversos precoces dos contaminantes, medidos diretamente nos organismos no seu ambiente natural, representam uma das principais áreas-alvo dos programas de biomonitorização ambiental (Tigano *et al.*, 2009).

Os sedimentos, como um dos componentes básicos do nosso ambiente, fornecem alimentos para os organismos vivos. Os sedimentos servem também de sumidouro e reservatório para uma variedade de contaminantes ambientais (Mayon *et al.*,2006) e os sedimentos fornecem geralmente um registo da entrada das bacias hidrográficas nos ecossistemas aquáticos (Mazet *et al.*,2005).

Os estudos sobre os metais pesados nos sedimentos são vitais para compreender o seu impacto nos ecossistemas aquáticos. Os metais pesados nos reservatórios de água têm origem tanto em processos naturais como em fontes antropogénicas. Os processos naturais, como as entradas atmosféricas e a meteorização geológica das rochas e do solo, diretamente para as águas de superfície, são normalmente a maior fonte natural. Comparativamente, as fontes antropogénicas provêm principalmente do processamento industrial, das águas residuais urbanas e do escoamento agrícola (Rezaei e Sayadi, 2015). Depois de serem introduzidos no ambiente aquático, os metais pesados da fase aquosa acabam por se depositar nos sedimentos através de mecanismos físicos, químicos ou biológicos (Yuan *et al.*, 2012; Zhan *et al.*, 2010).

Os sedimentos desempenham um papel importante no ciclo dos elementos no ambiente aquático. Os sedimentos podem ser indicadores sensíveis para monitorizar contaminantes em ambientes aquáticos. Podem também atuar como uma fonte não pontual e outras poluições para as águas sobrejacentes e, por sua vez, afetar negativamente os organismos aquáticos (Sayadi *et al.*, 2014). Muitos investigadores utilizaram os sedimentos para estudar o comportamento dos metais (Sayadi *et al.*, 2008).

A poluição do ambiente aquático por produtos químicos inorgânicos tem sido considerada uma ameaça importante para os organismos aquáticos, incluindo os peixes. As águas de drenagem agrícola contendo pesticidas e fertilizantes e os efluentes de actividades industriais e de escoamento, para além dos efluentes de esgotos, abastecem as massas de água e os sedimentos com enormes quantidades de aniões inorgânicos e metais pesados (ECDG, 2002). As fontes mais antropogénicas de metais são a contaminação industrial, a contaminação por petróleo e a eliminação de esgotos (Santos *et al.*, 2005). Os iões metálicos podem ser incorporados nas cadeias alimentares e concentrar-se nos organismos aquáticos a um nível que afecta o seu estado fisiológico. Entre os poluentes efectivos estão os metais pesados que têm um impacto ambiental drástico em todos os organismos. Os metais vestigiais como o Zn, o Cu e o Fe desempenham um papel bioquímico nos processos vitais de todas as plantas e animais aquáticos; por conseguinte, são essenciais no ambiente aquático em quantidades vestigiais.

O peixe é responsável por cerca de um quinto do fornecimento total de proteínas animais a nível mundial, tendo quintuplicado nos últimos quarenta anos, passando de 20 milhões de toneladas métricas para 98 milhões de toneladas métricas em 1993 e prevendo-se que ultrapasse os 150 milhões de toneladas métricas até ao ano 2010 (FAO, 1991). A atividade piscícola na Nigéria começou há cerca de 50 anos e hoje é reconhecida como um dos aspectos mais importantes do sector agrícola da Nigéria (Longhurst, 1961).

1.4 Antecedentes do estudo

O enchimento de areias, a extração de areias, a descarga de efluentes industriais, o petróleo, os resíduos domésticos, as descargas de esgotos, entre outras, são actividades humanas capazes de destruir o ambiente costeiro sensível da Nigéria (Ajao, 1996), como a lagoa de Okobaba. A lagoa de Okobaba está situada na zona de Makoko, em Lagos, na Nigéria. A produção de madeira em torno da área aumenta, o que provoca um aumento do volume de serradura proveniente de fábricas de areia, porque a Nigéria não explorou plenamente o potencial de reciclagem de materiais residuais, os montes de serradura e outras descargas são considerados resíduos e, por conseguinte, são indiscriminadamente incinerados, contribuindo significativamente para as emissões de gases com efeito de estufa e também como fonte de poluição capaz de penetrar nos organismos vivos, como os peixes, o que, por sua vez, pode reduzir a qualidade de vida e a saúde pública nas comunidades de acolhimento. As fontes de água podem ser poluídas por metais pesados lixiviados de águas industriais e de consumo. Os metais pesados tóxicos podem ligar-se a componentes celulares vitais, tais como proteínas estruturais, enzimas e ácidos nucleicos e interferir no seu funcionamento (Saeed *et al.*, 2008).

1.5 Objetivo do estudo

O objetivo do estudo foi avaliar os efeitos biológicos de concentrações ambientalmente relevantes de metais pesados detectados nos meios ambientais numa zona designada da lagoa de Lagos.

1.6 Objectivos do estudo

Os objectivos deste estudo foram;

1. Investigar a natureza das actividades e o conhecimento dos impactos ambientais da eliminação dos resíduos das serrações na zona de Okobaba da lagoa de Lagos.
2. Determinar os parâmetros físico-químicos das águas superficiais em Okobaba e num local de referência na lagoa de Lagos
3. Avaliar os níveis de metais pesados na água, peixes e sedimentos num local de eliminação de resíduos de serrações (Okobaba) na Lagoa de Lagos.
4. Determinar a toxicidade aguda de metais pesados selecionados em *Clarias gariepinus* (peixe-lama africano)
5. Avaliar os efeitos histológicos e bioquímicos de concentrações ambientalmente relevantes de metais pesados em *C. gariepinus* (peixe-lama africano).

CAPÍTULO 2

1.2 REVISÃO DA LITERATURA

2.1 Ecossistema da lagoa

Uma lagoa é uma massa de água salgada ou salobra relativamente pouco profunda, separada do mar mais profundo por um banco de areia pouco profundo ou exposto ou por um recife de coral. As lagoas retêm uma parte da água do mar na maré baixa e podem desenvolver-se como massas de água salobra, totalmente salgada ou hiper-salina. A disposição dos depósitos de várias lagoas pode ser reconhecida pela diferença de vegetação. A zona lagunar apresenta uma crista arenosa intercalada por cavidades lodosas. Existem diferentes tipos de lagoas: as que são separadas do mar adjacente por uma barreira de areia ou de calhaus rolados; as que surgem como águas de lagoas em depressões em margens sedimentares macias; e as que são separadas por uma soleira rochosa ou por uma construção artificial, como um muro de mar. A troca de água do mar nas lagoas ocorre através de um canal natural ou modificado pelo homem ou por percolação através da barreira (Suzuki *et al.,* 2002). A salinidade dos sistemas é determinada por vários níveis de entrada de água doce proveniente de águas subterrâneas ou superficiais. O grau de separação e a natureza do material que separa a lagoa do mar são a base para distinguir os diferentes tipos fisiográficos de lagoa As lagoas podem conter uma variedade de substratos, frequentemente sedimentos moles, que por sua vez podem suportar ervas daninhas e pedregulhos, bem como algas filamentosas verdes e castanhas. Além disso, as lagoas contêm invertebrados raramente encontrados noutros locais. Constituem igualmente habitats importantes para as aves aquáticas, as aves dos pântanos e as aves marinhas. A flora e a fauna de invertebrados presentes podem ser divididas em três componentes principais: as que são essencialmente de origem dulçaquícola, as que são espécies marinhas/ salobras e as que são espécies lagunares mais especializadas. Uma lagoa pode ou não estar sujeita à mistura de marés provenientes do mar, e a salinidade pode variar desde a de um lago costeiro de água doce até à de uma lagoa hipersalina, dependendo do equilíbrio hidrológico da zona (Suzuki *et al.,* 2002). As lagoas estão normalmente alinhadas com os seus maiores diâmetros paralelos à costa marítima. Variam em tamanho e forma em relação à geomorfologia e sabe-se que são forçadas pela entrada de rios, marés, precipitação, stress do vento, evaporação e balanço de calor à superfície (Kirk e Lauder, 2000). São frequentemente habitats altamente produtivos para uma variedade de plantas e animais. Servem de viveiros para camarões e gambas e também de locais para portos, cais, aquacultura, indústrias e recreio (Akpata *et al.*, 1993). As lagoas são ecossistemas frágeis susceptíveis aos efeitos da poluição provocada pelas escorrências municipais, industriais e agrícolas (Odiete, 1999). A descarga de águas residuais nas lagoas, as cargas de metais vestigiais, juntamente com os contaminantes dos resíduos sólidos domésticos e industriais, conduzem a um aumento da poluição ambiental (Isebor *et al.*, 2006). As lagoas são importantes para o transporte de água, a produção de energia, a exploração e a prospeção de alguns recursos minerais, incluindo a areia. Fornecem recursos alimentares naturais ricos em proteínas (peixes), bem como locais pouco éticos para a eliminação de resíduos domésticos e industriais (Onyema *et al.*, 2007).

As lagoas podem ser classificadas como abertas, fechadas e semi-fechadas, consoante mantenham uma ligação permanente com o mar, uma ligação anual ou menos frequente, ou uma ligação restrita e, portanto, fechada com o mar (Lawson e John, 1982). Adjeroud (1997) referiu que existem essencialmente dois tipos de lagoas com base na sua comunicação com o mar, nomeadamente lagoas fechadas e abertas. Três propriedades interligadas influenciam grandemente a diversidade física, química e biológica das lagoas. São elas: a salinidade, a quantidade de água do oceano e o grau de confinamento (Kirk e Lauder, 2000). As lagoas são caraterísticas comuns na costa da África Ocidental. De acordo com Dublin-Green e Tobor (1992), existem quatro sistemas lagunares principais na costa da Guiné. O quarto e maior destes sistemas estende-se por 256 km desde Cotonou, na República do Benim, até ao limite ocidental do Delta do Níger, na Nigéria. São conhecidas dez lagoas no sudoeste da Nigéria, nomeadamente Lagos, Yewa, Badagry, Ologe, Iyagbe, Kuramo, Epe, Lekki,

Mahin (Onyema e Emmanuel, 2009) e as lagoas de Apese (Onyema, 2009). Dois factores, nomeadamente a descarga de água doce dos rios e a incursão da água do mar pelas marés, influenciam as caraterísticas biológicas, físicas e químicas da Lagoa de Lagos. Existe um gradiente ambiental ligado ao padrão de precipitação na Lagoa de Lagos. Além disso, o gradiente de factores ambientais nas lagoas costeiras tem-se revelado mais discernível na estação seca do que na estação húmida. A estação seca está normalmente associada a uma maior penetração de luz nestas lagoas, transparência, condutividade, salinidade, pH e valores de sódio (Nwankwo *et al.*, 2003). Ao longo dos anos, estas lagoas têm sido cada vez mais expostas a factores de pressão antropogénicos terrestres, o que levou à sua utilização como sumidouros e à sua consequente deterioração (Chukwu, 2002). Existem dois tipos principais de lagoas, nomeadamente as lagoas costeiras e os estuários.

2.1.1 Tipos de lagoas

2.1.1.1 Lagoas Costeiras

As lagoas costeiras são formadas pela acumulação de bancos de areia ou recifes ao longo de águas costeiras pouco profundas, e a lagoa nos atóis, formada por um crescimento de recifes de coral em ilhas centrais que se afundam lentamente. De acordo com Kjerfve (1994), uma lagoa costeira é uma massa de água interior, geralmente orientada paralelamente à costa, separada do oceano por uma barreira, ligada ao oceano por uma ou mais enseadas restritas e com profundidades que raramente excedem alguns metros. As lagoas costeiras encontram-se sobretudo em costas com amplitudes de maré baixas a moderadas e estima-se que constituam 13% do total da linha de costa mundial. São geralmente alongadas e paralelas à tendência geral da linha de costa e estão separadas do mar aberto por ilhas-barreira. Podem ser subdivididas em lagoas de fuga, lagoas de estrangulamento e lagoas restritas. As lagoas de vazante têm canais de maré largos, correntes rápidas e uma troca de água com o oceano sem problemas. As lagoas estranguladas ocorrem ao longo de linhas costeiras de alta energia e têm um ou mais canais longos e estreitos, que restringem a troca de água com o oceano. A circulação dentro desta lagoa costeira é dominada pelos padrões de vento. As lagoas restritas têm múltiplos canais, uma troca bem definida com o oceano e tendem a apresentar um transporte líquido de água para o mar (Onyema *et al.*, 2007). Os padrões de vento em lagoas restritas também podem provocar o desenvolvimento de correntes de superfície, ajudando assim a transportar grandes volumes de água a sotavento.

2.1.1.2 Estuários

As lagoas que são alimentadas por cursos de água doce são também designadas por estuários. Um estuário é uma massa de água costeira semi-fechada, com um ou mais rios ou ribeiros que nela desaguam, e com uma ligação livre ao mar alto. Os estuários estão frequentemente associados a elevadas taxas de produtividade biológica. São frequentemente caracterizados por sedimentação ou lodo transportado pelo escoamento terrestre e, frequentemente, pelo mar. São constituídos por água salobra e são mais susceptíveis de ocorrer em costas submersas onde o nível do mar subiu em relação à terra. Estes podem transformar-se em estuários se neles confluir um curso de água ou um rio. O estuário serve um banquete de plantas em decomposição, pequenas plantas e animais flutuantes chamados plâncton e pequenos peixes. Milhões de animais marinhos começam a sua vida alimentando-se nas águas calmas do estuário. Podem encontrar abrigo em pântanos salgados, em leitos de ervas marinhas delgadas ou em vastos lodaçais. Os estuários podem ser classificados com base na sua circulação e estrutura (Onyema *et al.*, 2007). As classes de estuários no que respeita à circulação incluem os estuários em cunha salina, altamente estratificados, ligeiramente estratificados, mistos verticais, inversos e intermitentes. Os estuários que são classificados por estrutura são os estuários de construção em barra, os estuários tectónicos, os estuários de planície costeira e os fiordes. No estuário em cunha salina, a saída do rio excede largamente a entrada marinha. Há pouca mistura e, portanto, um contraste acentuado entre a água doce da superfície e a água salgada do fundo. No estuário altamente estratificado, o caudal fluvial e o caudal marinho são mais homogéneos, com o caudal fluvial ainda dominante; a turbulência induz mais mistura de água salgada para cima do que o inverso. No estuário ligeiramente estratificado, o caudal fluvial é inferior ao caudal marinho. Aqui, a turbulência provoca a mistura de toda a coluna de água, de modo que a salinidade varia mais longitudinalmente do que verticalmente. No estuário verticalmente misturado, a saída do rio é muito inferior à entrada marinha, pelo que a contribuição da água doce é negligenciável. A variação da salinidade é apenas longitudinal. O estuário invertido está localizado em regiões com elevada evaporação. Não há entrada de água doce e a salinidade aumenta para o interior. O fluxo global é para dentro à superfície, para baixo no terminal interior e flui para fora na subsuperfície. O estuário intermitente varia drasticamente em função da entrada de água doce e é capaz de passar de um embayment totalmente marinho para qualquer um dos outros tipos de estuário. O estuário construído em barreira é sinónimo de lagoa de ilha-barreira. O estuário tectónico forma-se quando o mar inunda uma região geologicamente subsidente. O estuário da planície costeira é um vale fluvial inundado. Os fiordes são vales submersos erodidos por glaciares (Nwankwo *et al.,* 2003).

2.2 Parâmetros físico-químicos da água

2.2.1 pH

O pH é um termo utilizado universalmente para exprimir a intensidade da condição ácida ou alcalina de uma solução. O pH é considerado um fator ecológico importante e fornece um fator e uma informação importantes em muitos tipos de equilíbrio geoquímico ou cálculo de solubilidade (Shyamalaet *al.,*2008).

2.2.2 Condutividade eléctrica (CE)

A condutividade eléctrica (CE) é uma medida da capacidade da água para transportar corrente eléctrica. Significa a quantidade de sais totais dissolvidos (Dahiya e Kaur, 1999) e é uma ferramenta útil para avaliar a pureza da água (Acharya *et al.,* 2008). A condutividade apresenta uma correlação significativa com dez parâmetros, como a temperatura, o valor do pH, a alcalinidade, a dureza total, o cálcio, os sólidos totais, os sólidos totais dissolvidos, a carência química de oxigénio e a concentração de cloreto e ferro da água. Navneet Kumar e Sinha (2010) sugeriram que a qualidade da água potável subterrânea da área de estudo pode ser verificada de forma eficaz através do controlo da condutividade da água, o que também pode ser aplicado à gestão da qualidade da água noutras áreas de estudo.

2.2.3 Sólidos totais dissolvidos (TDS)

Os sólidos totais dissolvidos indicam o comportamento da salinidade da água subterrânea. A água que contém mais de 500 mg/l de TDS não é considerada desejável para o abastecimento de água potável, mas em casos inevitáveis são permitidos 1500 mg/l, podendo ser utilizada água altamente mineralizada quando não existe água de melhor qualidade (Jain, 2002).

2.2.4 Dureza total (TH)

A dureza é a propriedade da água que impede a formação de espuma com o sabão e aumenta os pontos de ebulição da água (Patil e Patil, 2010). A dureza da água depende principalmente da quantidade de sais de cálcio ou de magnésio ou de ambos. De acordo com algumas classificações, a água com dureza até 75 mg/l é classificada como macia, 76 150mg/l é moderadamente macia, 151 300 mg/l é dura e mais de 300 mg/l é muito dura (Saravanakumar e Ranjith Kumar, 2011).

2.2.5 Alcalinidade total (TA)

É composta principalmente por carbonato (CO_3^{2-}) e bicarbonato (HCO_3^-), a alcalinidade actua como um estabilizador do pH. A alcalinidade, o pH e a dureza afectam a toxicidade de muitas substâncias presentes na água. A alcalinidade da água da caldeira resulta essencialmente da presença de iões hidroxilo e carbonato. A alcalinidade hidroxílica (causticidade) na água da caldeira é necessária para proteger a caldeira contra a corrosão. Uma causticidade demasiado elevada causa outros problemas de funcionamento, como a formação de espuma. Níveis de causticidade excessivamente elevados podem resultar num tipo de ataque cáustico da caldeira chamado "fragilização" (Patil *et al.*, 2012)

2.2.6 Temperatura (T)

A temperatura é um fator biologicamente significativo, que desempenha um papel importante nas actividades metabólicas do organismo.

2.3 Poluição aquática

A poluição ambiental aumentou substancialmente nas últimas décadas devido a um grande número de resíduos industriais, agrícolas, comerciais e domésticos, efluentes e emissões, bem como substâncias perigosas. A maioria dos poluentes ambientais ameaça inicialmente a saúde humana e ambiental, mas também a integridade e a função dos ecossistemas (Valavanidis e Vlachogianni). A poluição aquática é a forma predominante de poluição, uma vez que a maioria dos poluentes químicos entra nos mares, rios, lagos e zonas húmidas. Os ecossistemas marinhos e costeiros caracterizam-se pela sua complexidade e pela sua sensibilidade a vários poluentes inorgânicos e orgânicos. Foram estabelecidos procedimentos internacionalmente aceites de avaliação do impacto ambiental/ecológico e dos riscos para gerir o impacto humano nos ambientes costeiros. Atualmente, reconhece-se que muitos contaminantes químicos, incluindo compostos organoclorados, herbicidas, produtos petrolíferos e metais pesados, têm efeitos adversos nos ambientes oceânicos, mesmo quando libertados a níveis baixos. Até pouco antes do século XIX, não se tinha prestado muita atenção a este problema. Os efeitos adversos da poluição ambiental têm sido bem documentados nos últimos anos (Torres *et al.*, 2008). A poluição por metais pode danificar os organismos marinhos a nível celular e, eventualmente, afetar o equilíbrio ecológico. A exposição e a ingestão de organismos marinhos poluídos como alimentos de origem marinha podem causar problemas de saúde nas pessoas e nos animais, incluindo problemas neurológicos e reprodutivos (Stanciu *et al.*2005).

2.4 Metais pesados

Nos ambientes fluviais, os metais pesados têm origem em várias fontes naturais e antropogénicas, tais como a deposição atmosférica, a meteorização geológica, as actividades agrícolas e os produtos residenciais e industriais (Demirak *et al., 2006,* Jaben *et al.*, 2010). Os esforços - em maior ou menor grau - para conter os resíduos e reduzir os impactes ambientais são amplamente dificultados pelo facto de um sistema fluvial drenar naturalmente todas as áreas que o rodeiam, lavando assim muitas substâncias nocivas para o ambiente aquático (Shinn *et al.*, 2009).

Os metais pesados, incluindo elementos essenciais e não essenciais, têm uma importância particular na ecotoxicologia (Ebrahimpour *et al.*,2010) devido à sua toxicidade, longa persistência, bioacumulação e biomagnificação na cadeia alimentar (Yousafzai *et al.*,2010). O grau de contaminação depende do tipo de poluente, da espécie de peixe, do local de amostragem, do nível trófico e do seu modo de alimentação (Asuquo *et al.*, 2004)

2.4.1 Metais pesados como poluentes do ambiente aquático

Vários metais vestigiais são utilizados pelos organismos vivos para estabilizar as estruturas proteicas, facilitar as reacções de transferência de electrões e catalisar reacções enzimáticas. Por exemplo, o cobre (Cu), o zinco (Zn) e o ferro (Fe) são essenciais como constituintes dos sítios catalíticos de várias enzimas. No entanto, outros metais, como o chumbo (Pb), o mercúrio (Hg) e o cádmio (Cd) podem deslocar ou substituir os metais vestigiais essenciais e interferir com o funcionamento correto das enzimas e dos cofactores associados.

Os metais estão normalmente presentes em concentrações baixas ou muito baixas nos mares. Nas águas costeiras, os metais podem ocorrer em concentrações muito mais elevadas. (Torres *et al.*2008). Os metais estão associados à exposição comunitária e profissional. Destes, 23 são descritos como metais pesados. Estes elementos são geralmente libertados em pequenas quantidades no ambiente. Os metais pesados tornam-se tóxicos quando não são excretados pelo organismo e se acumulam nos tecidos moles (Sobha *et al.* 2007).

Os metais pesados entram no ambiente aquático naturalmente através da meteorização da crosta terrestre. Para além da meteorização geológica, as actividades humanas também introduziram grandes quantidades de metais em zonas localizadas do mar. Os sistemas aquáticos são muito sensíveis aos poluentes de metais pesados e o aumento gradual dos níveis desses metais nos ambientes aquáticos tornou-se um problema de grande preocupação. Este facto deve-se à sua persistência, uma vez que não são normalmente eliminados nem por biodegradação nem por meios químicos. Além disso, a decomposição dos materiais orgânicos nos sistemas aquáticos, juntamente com os detritos formados por processos naturais de meteorização, constitui uma fonte rica de nutrientes, tanto nos sedimentos do fundo do mar como na massa de água sobrejacente (Khaled, 2004).

Os metais pesados são particularmente preocupantes devido à sua persistência, natureza não degradável e potencial bioacumulação em diferentes espécies aquáticas. (Javed e Usmani, 2012) (Khaled, 2004). Os metais pesados, incluindo elementos essenciais e não essenciais, têm uma importância particular na ecotoxicologia, uma vez que são altamente persistentes e todos têm o potencial de serem tóxicos para os organismos vivos (Edward *et al.* 2013).

2.4.2 Ocorrência e recuperação de metais pesados

Os metais pesados ocorrem como constituintes naturais da crosta terrestre e são contaminantes ambientais persistentes, uma vez que não podem ser degradados ou destruídos. Em pequena escala, entram no sistema corporal através dos alimentos, do ar e da água e bioacumulam-se ao longo de um período de tempo (Lenn-tech, 2004; UNEP/GPA, 2004). Nas rochas, existem como minérios em diferentes formas químicas, a partir dos quais são recuperados como minerais. Os minérios de metais pesados incluem sulfuretos, como os sulfuretos de ferro, arsénio, chumbo, chumbo-zinco, cobalto, ouro-prata e níquel; óxidos como o alumínio, manganês, ouro, selénio e antimónio. Alguns existem e podem ser recuperados como minérios de sulfureto e de óxido, como o ferro, o cobre e o cobalto. Os minerais de minério tendem a ocorrer em famílias, pelo que os metais que existem naturalmente como sulfuretos ocorrem maioritariamente juntos, o mesmo acontecendo com os óxidos. Assim, os sulfuretos de chumbo, cádmio, arsénio e mercúrio ocorrem naturalmente em conjunto com os sulfuretos de ferro (pirite, FeS_2) e de cobre (calcopirite, $CuFeS_2$) como menores, que são obtidos como subprodutos de vários processos hidrometalúrgicos ou como parte dos fumos de escape em processos pirometalúrgicos e outros processos que se seguem à extração mineira para os recuperar. Durante os processos de extração mineira, alguns metais são deixados para trás sob a forma de resíduos espalhados em poços abertos e parcialmente cobertos; outros são transportados pelo vento e pelas cheias, criando vários problemas ambientais (Habashi, 1992). Os metais pesados são basicamente recuperados dos seus minérios através de operações de processamento mineral (Lenntech, 2004; UNEP/GPA, 2004; United States Department of Labor (USDOL), 2004).

2.4.2.1 Fontes de metais pesados

De um modo geral, quanto maior for a concentração de metais no ambiente, maior será a sua absorção e acumulação pelos peixes. A relação entre as concentrações de metais nos peixes e na água foi observada tanto em estudos de campo como de laboratório.

2.4.2.2 Fertilizantes

Em sistemas agrícolas concentrados, são frequentemente aplicadas grandes quantidades de fertilizantes nos solos para fornecer N, K e P adequados ao crescimento das culturas. Os complexos utilizados para fornecer estes elementos contêm uma quantidade rara de metais pesados (por exemplo, cádmio e chumbo) como contaminantes, que, após a aplicação contínua de fertilizantes, podem proliferar significativamente a sua quantidade no solo (Jones e Jarvis, 1981). Metais como o Cádmio e o Chumbo não têm acções fisiológicas reconhecidas. Certas aplicações de fertilizantes fosfatados adicionam involuntariamente Cd e outros elementos possivelmente perigosos para o solo, incluindo F, Pb e Hg (Raven *et al.,* 1998).

2.4.2.3 Pesticidas

Numerosos insecticidas conhecidos, amplamente utilizados na agricultura no passado, continham quantidades consideráveis de metais. No passado recente, cerca de 10% dos produtos químicos autorizados para utilização como pesticidas e, no Reino Unido, os fungicidas baseavam-se em complexos que incluem Cu, Hg, Pb, Mn ou Zn. Por exemplo, os pesticidas fungicidas que contêm cobre, como o oxicloreto de cobre e a calda bordalesa, que consiste em sulfato de cobre (Jones e Jarvis, 1981). O arseniato de chumbo foi aplicado em pomares de fruta durante vários anos para controlar algumas pragas parasitárias. Os compostos que consistem em arsénio foram amplamente aplicados para controlar as carraças dos animais e para controlar os insectos da banana na Nova Zelândia e na Austrália. A madeira tem sido bem preservada com preparações de cobre, crómio e arsénio (CCA), e existem atualmente muitos locais negligenciados onde as quantidades destes elementos no solo ultrapassam largamente os focos de fundo. Esta poluição tem a capacidade de causar problemas, especialmente se os sítios forem melhorados para outros fins agrícolas ou não agrícolas. Relativamente aos fertilizantes, a aplicação destes ingredientes tem sido mais restrita, estando localizada em sítios ou culturas especiais (McLaughlin *et al.*, 2000).

2.4.2.4 Bio-sólidos e estrume

O fornecimento de vários bio-sólidos, por exemplo, compostos, estrume de gado e lamas de esgotos municipais (MSS) à terra aponta inconscientemente para a acumulação de metais pesados como o arsénio, o cádmio, o crómio, o cobre, o chumbo, bem como o Hg, Se, Ni, Mo, Zn, Sb, no solo (Basta *et al.*, 2005). Alguns resíduos animais, como os estrumes de gado, aves e suínos criados na agricultura, são normalmente fornecidos às culturas e prados sob a forma de sólidos ou semi-sólidos (Sumner, 2000). Embora a maior parte do composto possa ser considerada um fertilizante valioso, na indústria avícola e suinícola, o cobre e o zinco são incluídos nos alimentos como potenciadores de crescimento e a presença de arsénico nos produtos de aptidão avícola pode ter a capacidade de causar poluição do solo por metais (Sumner, 2000; Chaney e Oliver, 1996). Os estrumes que são criados a partir de animais como resultado destas dietas possuem maiores quantidades de Cu, As e Zn e, se forem continuamente fornecidos a áreas proibidas de terra, podem resultar numa acumulação razoável destes metais durante um período de tempo mais longo nestes solos. Os biossólidos (incluindo as lamas de depuração) são basicamente produtos sólidos de natureza orgânica, formados por processos de tratamento de águas residuais que podem ser reciclados de forma útil (USEPA, 1994). Os metais pesados mais frequentemente presentes nos biossólidos incluem o Ni, o Pb, o Cd, o Cu, o Cr e o Zn, e as quantidades de metais são determinadas pela natureza e pela força dos processos industriais, bem como pelo tipo de atividade desenvolvida durante o tratamento dos biossólidos. Em situações específicas, os metais fornecidos aos solos pela aplicação de biossólidos podem ser percolados para baixo pelos horizontes do solo e podem ter a capacidade de poluir as águas subterrâneas (McLaren *et al.*, 2005). As investigações mais recentes sobre alguns solos da Nova Zelândia aplicados com biossólidos resultaram num aumento das quantidades de Ni, Cd e Zn nos percolados de drenagem (Keller *et al.*, 2002; McLaren *et al.*, 2004).

2.4.2.5 Águas residuais

O fornecimento de águas residuais provenientes de fontes industriais e municipais e de resíduos associados ao solo remonta a 400 anos e é atualmente uma prática habitual em diferentes partes do globo (Reed *et al.*, 1995). A nível internacional, prevê-se que 20 milhões (20m) de hectares (ha) de terra arável sejam regados com algum tipo de águas residuais. Em várias cidades africanas e asiáticas, os estudos propõem que a agricultura baseada na rega com águas residuais contribui para 50% da origem vegetal das áreas urbanas (Bjuhr, 2007). Os agricultores geralmente não se preocupam com o bem-estar ou os perigos ambientais e estão principalmente preocupados em maximizar as suas produções e lucros. Embora as quantidades de metais nas descargas de águas residuais sejam comparativamente baixas, a rega prolongada de terrenos com essas águas residuais pode acabar por provocar a acumulação de metais pesados no solo.

2.4.2.6 Resíduos industriais e processos de extração de metais

A extração e a moagem de minerais metálicos, juntamente com as indústrias, legaram a vários países a circulação extensiva de poluentes metálicos no solo. Através da extração, os rejeitos (partículas maiores depositadas no final da célula de flotação durante a extração mineira) são descarregados diretamente em depressões naturais, bem como em zonas húmidas no local, resultando em quantidades elevadas (DeVolder, 2003). A extração e a fundição de minério de chumbo (Pb) e zinco (Zn) têm resultado na poluição do solo, o que causa perigo para a saúde humana e ambiental.

Os materiais extra são produzidos por uma variedade de indústrias, como a dos curtumes, a têxtil, a petroquímica, a partir de derrames não intencionais de petróleo ou do consumo de produtos à base de petróleo, a dos insecticidas e a farmacêutica, e têm uma configuração extremamente variável. Apesar de alguns produtos serem eliminados no solo, outros têm uma utilidade para a agricultura e a silvicultura. Além disso, vários são possivelmente perigosos devido à sua configuração.

2.4.2.7 Fontes transportadas pelo ar

Recursos aéreos de metais que incluem libertação de ar por chaminés ou condutas, fluxos de vapor ou gás e descargas breves como poeiras de locais de armazenamento e pilhas de resíduos. Os metais provenientes de fontes transportadas pelo ar são normalmente descarregados sob a forma de partículas que consistem no fluxo de gás. Alguns metais como o Cd, o As e o Pb podem igualmente volatilizar-se através de actividades a alta temperatura. Estes metais transformam-se em óxidos e reduzem-se a partículas mais pequenas até que seja mantido um ar redutor (Smith *et al.,* 1995). As emissões da chaminé podem circular por uma área extensa através do fluxo de ar natural, mas as acções de precipitação seca e/ou húmida eliminam-nas do afluente gasoso. Uma outra fonte importante de poluição do solo é a libertação flutuante de Pb proveniente da queima de gasolina com chumbo tetraetilo, o que aumenta consideravelmente a percentagem de Pb nos solos das zonas urbanas e nas zonas próximas das estradas principais. O zinco e o cádmio também podem ser aplicados aos solos junto às estradas, as fontes incluem pneus e óleos lubrificantes (USEPA, 1996).

2.4.3 Os sedimentos como fonte de metais pesados na água

As concentrações de metais pesados nos ecossistemas aquáticos são normalmente monitorizadas através da medição das suas concentrações na água, nos sedimentos e no biota associado, que geralmente existem em níveis baixos na água e atingem uma concentração considerável nos sedimentos e no biota. Os sedimentos são importantes sumidouros de vários poluentes, como pesticidas e metais pesados, e também desempenham um papel significativo na remobilização de contaminantes em sistemas aquáticos em condições favoráveis e nas interações entre a água e os sedimentos (Edward *et al.,* 2013).

Uma das propriedades negativas significativas destes metais é a sua capacidade de se acumularem nos sedimentos. O mercúrio tem uma grande capacidade de se acumular nos organismos aquáticos. O mercúrio passa da água para os sedimentos de fundo em águas correntes e barragens, onde se acumula principalmente sob a forma de sulfureto. O teor de mercúrio nos sedimentos de fundo está relacionado com a carga poluente da localidade, mas também com o carácter do sedimento. Os sedimentos de fundo podem ser indicadores adequados da contaminação das águas superficiais por chumbo e cádmio. As amostras de sedimentos com uma grande quantidade de lama e partes orgânicas têm, na maioria dos casos, um teor mais elevado de mercúrio em comparação com amostras de carácter arenoso. A notável capacidade de acumulação dos sedimentos constitui uma fonte de eventual contaminação da carne de peixe por elementos perigosos (Toth *et al.* 2012).

2.4.4 Mecanismo de toxicidade dos metais pesados nos peixes

A reação e a sobrevivência dos organismos expostos a metais pesados dependem não só do estado biológico dos organismos, mas também da toxicidade, do tempo de exposição e do tipo de tóxico (Vinodhini e Narayanan, 2009). Os metais pesados, como o As, o Cd, o Pd e o Hg, são classificados como os mais tóxicos para os seres humanos, os animais, os organismos aquáticos e o ambiente. Afectam os ecossistemas devido à sua bioacumulação nos animais, o que provoca efeitos tóxicos como a redução da aptidão da biota e mesmo a mortalidade dos seres vivos.

Os peixes são habitantes que podem ser altamente afectados pelos metais pesados. A toxicidade dos metais pesados nos peixes depende da sua idade, tamanho e outros factores fisiológicos. Estes elementos entram no ciclo biogeoquímico, conduzindo à toxicidade em diferentes órgãos (Govind e Madhuri, 2014).

A concentração subletal de metais pesados, como o Cd, pode causar graves perturbações no metabolismo dos peixes, tais como comportamentos anormais, anomalias locomotoras e anorexia. No entanto, considera-se que o chumbo altera o sistema hematológico ao inibir as actividades de diferentes enzimas envolvidas na biossíntese do heme. Após a absorção do chumbo, este é distribuído principalmente para o sistema imunitário, o coração, os rins e o fígado. Além disso, quando os peixes são expostos ao níquel, podem ocorrer algumas transformações morfológicas em numerosos sistemas celulares e na disposição dos cromossomas. Muitos metais pesados causam stress oxidativo ao gerar radicais de oxigénio reactivos (Damien *et al.*, 2004; Vinodhini e Narayanan, 2009). Alguns metais pesados tornam-se tóxicos devido à formação de compostos solúveis tóxicos. No entanto, alguns metais não têm qualquer papel biológico ou não são necessários ao organismo e tornam-se tóxicos apenas sob formas específicas. No entanto, o Pb pode causar efeitos nocivos em qualquer nível da sua quantidade. O berílio e o ferro também podem apresentar toxicidade. Assim, a maior parte dos metais pesados são tóxicos para os seres vivos. Com um estado de oxidação anormal, os metais também podem provocar um efeito tóxico, como o crómio tetravalente [Cr (VI)], que apresenta um efeito carcinogénico. No entanto, o crómio trivalente [Cr (III)] é reconhecido como um tracenutriente essencial para os seres humanos e os animais (Govind, 2013; Govind e Madhuri, 2014).

A diversidade de peixes de qualquer ecossistema tem grande importância na avaliação dessa zona em relação ao ambiente e à poluição. Vários estudos investigaram o facto de os peixes serem muito/sensíveis aos metais pesados. Os estudos realizados numa série de peixes indicaram que os metais pesados podem alterar as funções fisiológicas e bioquímicas tanto nos tecidos como no sangue da carpa comum (Gohil e Mankodi, 2013; Govind e Madhuri, 2014).

Os metais pesados podem ter efeitos nocivos nos tecidos dos próprios organismos aquáticos. Em concentrações elevadas, podem levar à mortalidade do organismo. Este nível de toxicidade é conhecido como toxicidade letal. Em concentrações mais baixas, os organismos podem apresentar diferentes tipos de efeitos adversos, mas não se regista mortalidade. Podem ocorrer alterações histológicas nos trajectos tubulares digestivos, nas brânquias e no sistema neurológico. O reflexo da alteração das actividades enzimáticas ou hormonais leva a que o organismo se torne fraco e ecologicamente vulnerável à morte. Podem ocorrer perturbações na respiração, nas taxas de crescimento ou de reprodução, ou na suscetibilidade a agentes patogénicos e doenças parasitárias, mas não são facilmente detectáveis. Tais efeitos são referidos como efeitos tóxicos sub-letais (Al-Sulami *et al.,* 2002).

Os efeitos tóxicos letais ou sub-letais podem ser referidos como efeitos tóxicos crónicos se ocorrerem por acumulação de contaminantes de baixo nível durante um longo período de tempo. Todos os metais pesados são susceptíveis de bioacumulação, em maior ou menor grau, e o seu estado de oxidação determina em grande medida a quantidade e a toxicidade correspondente do metal. Além disso, o facto de o metal estar presente numa forma ionizada de um estado oxidado ou reduzido, complexado com uma substância orgânica ou adsorvido numa partícula orgânica ou inorgânica, é um fator que determina a sua absorção e toxicidade para os organismos (Al-Sulami *et al.,* 2002).

Vários estudos realizados em laboratório e em experiências de campo indicaram que a acumulação de metais pesados depende de factores ambientais como a salinidade, o pH, a dureza e a temperatura, embora a concentração de metais na água e o período de exposição dos peixes aos metais desempenhem um papel significativo na acumulação de metais pesados. Verificou-se também que as necessidades ecológicas, o sexo, o tamanho e a muda dos organismos aquáticos afectam a acumulação de metais. Foi demonstrado que os tamanhos dos organismos aquáticos desempenham um papel essencial nos níveis de metais pesados nos tecidos; contudo, esta evidência foi consistente normalmente para o mercúrio em diferentes grupos de organismos aquáticos. Por exemplo, os mexilhões, os crustáceos decápodes, os peixes, os mamíferos marinhos e as aves marinhas da cadeia alimentar marinha indicaram uma relação positiva entre os teores de mercúrio e os tamanhos dos animais (Canli e Furness, 1993; Canli e Atli 2003).

2.4.5 Análise dos elementos

Elementos como o chumbo, o níquel, o manganês, o zinco, o cádmio e o crómio foram analisados por vários métodos que incluem a espetrometria de absorção atómica com chama (FAAS), a espetrometria de absorção em forno de grafite (GF-AS) e a espetroscopia de emissão atómica com plasma indutivamente acoplado (ICP-AES) (Aceto *et al.,* 2002; Bingol e Akcay, 2005). A espetrometria de absorção atómica é normalmente utilizada porque tem a vantagem de ser altamente específica, disponível e selectiva (Garda e Baez, 2012).

2.4.5.1 Espectroscopia de Absorção Atómica

A técnica utiliza a espetrometria de absorção para avaliar a concentração de uma substância a analisar numa amostra. Requer um padrão com um teor conhecido de analito para estabelecer a relação entre as concentrações medidas e as concentrações de analito e baseia-se na lei de Beer Lambert (Skoog *et al.,* 2005; Christian, 2005).

A amostra é convertida em vapores atómicos através de um processo conhecido como atomização. A precisão e exatidão deste método dependem da fase de atomização e, por conseguinte, é necessária uma boa escolha do método de atomização. Os dois tipos de atomizadores são os atomizadores contínuos e os discretos. Nos atomizadores contínuos, a amostra é introduzida no atomizador continuamente a um ritmo constante, dando origem a um sinal espetral que é constante com o tempo. Os métodos de atomização do tipo contínuo são a chama, o plasma de árgon com acoplamento indutivo e o plasma de árgon de corrente contínua. Com os atomizadores discretos, uma quantidade medida de uma amostra é introduzida como um tampão de líquido ou sólido. Neste caso, o sinal espetral aumenta até um máximo e depois diminui até zero. Um atomizador eletrotérmico é um dos tipos discretos. Os átomos absorvem então radiações de comprimentos de onda caraterísticos de uma fonte externa. Os átomos de chumbo, níquel, manganês, zinco, cádmio e crómio absorvem radiações de comprimentos de onda de 217,0 nm, 232,0 nm, 279,5 nm, 213,9 nm, 228,8 nm e 357,9 nm, respetivamente, de uma fonte externa que é normalmente uma lâmpada de cátodo oco (Eser *et al.,* 2004).

Esta técnica tem sido amplamente utilizada para a análise elementar numa série de matrizes, tais como solos, água, frutos secos, vinho e produtos vitivinícolas (Navin *et al.,* 2000; Tuzen, 2003). A figura 2.1 apresenta um diagrama esquemático dos componentes da AAS. As duas fontes de radiação são uma fonte contínua, que utiliza lâmpadas de deutério e de mercúrio, e uma lâmpada oca, que consiste num ânodo feito de fio de tungsténio ou de mecha e um cátodo oco feito do elemento em causa ou do seu próprio sal. O método de atomização por chama é constituído principalmente por um combustível e um oxidante. As suas temperaturas são determinadas pelo caudal e pela relação entre o oxidante e o combustível, enquanto o atomizador eletrotérmico é basicamente constituído por varetas de carbono. Os átomos livres são vaporizados do atomizador de carbono para o caminho da luz ótica para um monocromador que apresenta uma radiação monocromática ao detetor. As radiações provenientes dos monocromadores são recebidas por detectores que as convertem em sinais eléctricos. Alguns detectores habitualmente utilizados são as fotocélulas e os tubos fotomultiplicadores.

a. **Fonte de radiação (lâmpada de cátodo oco)**

Esta é a fonte da linha de luz analítica para o elemento de interesse e fornece um feixe constante e intenso dessa linha analítica.

b. **Atomizador (Chama)**

O atomizador destruirá quaisquer iões do analito e quebrará os complexos para criar átomos do elemento de interesse.

c. **Seletor de comprimento de onda (monocromador)**

Um seletor de comprimento de onda isola os fotões da linha analítica que passam através da chama e remove a luz dispersa do outro comprimento de onda da chama. Assim, apenas uma linha estreita incide no tubo fotomultiplicador.

d. **Detetor (tubo fotomultiplicador (PMT)**

Determina a intensidade da linha analítica que sai do monocromador. O PMT é o detetor mais comummente utilizado na AAS.

2.5 Bioacumulação de metais pesados

Os metais nas águas naturais apresentam-se em partículas ou em formas solúveis, incluindo fracções lábeis e não lábeis. Os compostos de metais lábeis são os mais perigosos para os peixes. Incluem várias formas iónicas de diferente disponibilidade para os peixes. Os dados mostram que as quantidades de metais na fração lábil e a percentagem de vários iões metálicos dependem fortemente das condições ambientais (Cogun *et al.*, 2004). Os resultados de muitos estudos de campo sobre a acumulação de metais em peixes que vivem em águas poluídas mostram que uma quantidade considerável de vários metais pode depositar-se nos tecidos dos peixes sem causar mortalidade. Vários metais são acumulados no corpo dos peixes em quantidades diferentes. Estas diferenças resultam da diferente afinidade dos metais com os tecidos dos peixes, da diferente absorção, deposição e excreção (Jezierska *et al.*, 2001). De um modo geral, quanto maior for a concentração de metais no ambiente, maior será a sua absorção e acumulação pelos peixes. A relação entre as concentrações de metais nos peixes e na água foi observada tanto em estudos de campo como de laboratório (Hongjun *et al.*, 2013). Os níveis de metais em peixes vivos seguem normalmente a classificação: Fe >Zn>Pb>Cu>Cd>Hg. Os níveis de Zn podem ser muito elevados, até mais de 300 µg/g dw. As concentrações máximas de chumbo e cobre são mais baixas e normalmente não excedem 10 gg/g dw. A acumulação de metais nos peixes depende da poluição e pode diferir entre as várias espécies de peixes que vivem no mesmo curso de água (Zhou *et al.*, 1998).

Ao contrário dos metais vestigiais não essenciais, como o chumbo, o cádmio, o mercúrio e o arsénio, os metais essenciais, como o cobre, o zinco, o ferro e o cobalto, têm importantes funções bioquímicas nos organismos. Formam um sistema de dadores de electrões ou funcionam como ligandos em compostos enzimáticos complexos. Uma vez que os elementos essenciais só são utilizados pelos organismos em quantidades vestigiais e, geralmente, como existem no ambiente em pequena concentração, o seu enriquecimento nos organismos não excede o nível que permite que o sistema enzimático funcione sem interferência. Isto significa que as concentrações de oligoelementos essenciais são geralmente mais elevadas nos organismos do que na água.

Se houver excesso no corpo, o conteúdo de metal no organismo pode ser regulado pela homeostase (Bryan e Hummerstone, 1973). No entanto, se a concentração de metais pesados na fonte de abastecimento *(por exemplo,* água, alimentos) for demasiado elevada, o mecanismo homeostático deixa de funcionar e os metais pesados essenciais actuam de forma aguda ou cronicamente tóxica. Assim, em caso de bioacumulação prolongada de metais pesados, o organismo pode sofrer danos. A acumulação de metais nos peixes é uma função da absorção e da excreção. A absorção é considerada passiva e envolve gradientes de difusão criados pela adsorção ou ligação do metal às superfícies dos tecidos e das células (Bryan, 1976). As brânquias dos teleósteos são locais prováveis de absorção de metais da água ambiente devido à sua grande área de superfície e à grande proximidade entre o constituinte interno do corpo e o ambiente externo. No interior do corpo, o grau de acumulação em vários tecidos depende da ligação do metal a ligandos específicos. O fígado e os rins são os órgãos *que possuem* proteínas específicas de ligação aos metais, sendo estes os órgãos que são alvo da ação tóxica e que acumulam metais a níveis significativos (Stagg e Shuttleworth, 1982).

Dallinger *et al.* (1987) afirmaram que, no que diz respeito aos peixes, existem três vias possíveis através das quais os metais podem entrar no corpo: (i) a superfície do corpo, (ii) as guelras e (iii) o trato alimentar. Mas pouco se sabe sobre a absorção de metais pesados através da pele. Pode presumir-se que a superfície do corpo dos peixes é mais ou menos impermeável às substâncias nocivas presentes na água circundante (Dallinger *et al,* 1987). Existem algumas indicações de que a secreção de muco pode impedir a entrada de metais pesados no corpo dos peixes (Eddy e Fraser, 1982). Assim, pode presumir-se que as brânquias e o intestino são ambas vias importantes para a absorção de metais nos peixes (Wills e Sunda, 1984). O trabalho de Honda *et al.* (1983) sobre metais pesados em órgãos e tecidos revelou uma elevada concentração de metais no úvero e baixos níveis no músculo. No entanto, foi registada uma concentração relativamente elevada de manganês, seno, cobre, chumbo e níquel nos ovários e testículos, e de manganês e zinco na pele. A concentração de metais nos órgãos e tecidos alterou-se carateristicamente com o crescimento dos peixes. Os peixes pequenos apresentam taxas de absorção e excreção de metais mais rápidas do que os peixes maiores.

2.6 Efeitos dos metais pesados nos peixes

Os efeitos tóxicos dos metais pesados podem afetar as taxas de crescimento individual, as funções fisiológicas, a mortalidade e a reprodução dos peixes (Amundsen *et al.,* 1997). Os metais pesados entram nos corpos dos peixes por três vias possíveis: pelas brânquias, pelo tubo digestivo e pela superfície do corpo. As brânquias são consideradas o local mais importante para a absorção direta de metais da água (Romeo *et al.,* 1999), embora se estime que a superfície do corpo tenha um papel menor na absorção de metais pesados pelos peixes (Selda *et al.,* 2012). A acumulação de metais pesados pode também ser causada pela fonte alimentar, conduzindo possivelmente à bio-magnificação, o aumento das toxinas ao longo da cadeia alimentar (Per-Arne *et al.,* 1997).

Os diferentes factores considerados críticos são o tamanho, a fase de desenvolvimento e a salinidade na toxicidade dos metais pesados para os organismos marinhos e estuarinos (Grosell *et al.,* 2007). Os organismos afectados respondem aos metais pesados acumulando-os nos seus corpos ou transferindo-os para o nível trófico seguinte da cadeia alimentar (Shah *et al.,* 2005)

2.6.1 Ferro (Fe)

O ferro é um componente predominante dos efluentes industriais e mineiros que são frequentemente descarregados em ambientes aquáticos. O ferro ferroso ($Fe2+$) é considerado mais tóxico para os peixes do que a forma férrica ($Fe3+$) (Decker *et al.,* 1974). A maior bioconcentração de ferro nos tecidos dos peixes foi encontrada no fígado e nas gónadas, diminuindo no cérebro, músculo e coração

(Van, 1989). A perturbação respiratória devida à obstrução física das brânquias é sugerida como um possível mecanismo de toxicidade do ferro (Dalzel, 1999). Dado que a superfície branquial dos peixes tende a ser alcalina, o ferro ferroso solúvel pode ser oxidado em compostos férricos insolúveis, que depois cobrem as lamelas branquiais e inibem a respiração. Os compostos de ferro precipitados têm efeitos graves, começando por reduzir a área branquial disponível para a respiração, danificando o epitélio respiratório e terminando com a asfixia do peixe e a sua morte. Na tilápia-de-bandas (*Tilapia sparrmanii*), o ferro causou hiperplasia e necrose das lamelas secundárias (Abaas *et al.*, 2002).

Uma micrografia eletrónica de varrimento estudada nas brânquias de *T. sparrmanii*, após exposição a concentrações subletais de ferro durante 72 horas num sistema de fluxo contínuo, revelou o colapso das brânquias, bem como o aumento da quantidade de células mucosas (Van, 1989). O colapso das brânquias reduz a distância de difusão entre a água e o sangue, beneficiando o consumo de oxigénio dos peixes. Além disso, os compostos de ferro podem precipitar-se na superfície dos ovos de peixe, causando a morte devido à falta de oxigénio. *Clarias gariepinus* apresentou crescimento restrito quando alimentado com uma dieta rica em ferro.

2.6.2 O cobre e os seus efeitos nos peixes

O cobre (Cu) é um metal vestigial e um micronutriente essencial para o metabolismo celular dos organismos vivos, devido ao facto de ser um constituinte essencial das enzimas metabólicas. No entanto, pode ser extremamente tóxico para os mecanismos intracelulares dos animais aquáticos em concentrações elevadas que excedam os níveis normais. É um elemento abundante que ocorre como um mineral natural com um uso muito difundido (Sfakianakis *et al* 2015). A poluição por cobre ocorre através do uso extensivo de fungicidas, algicidas, moluscicidas, insecticidas e descarga de resíduos. O sulfato de cobre (CuSO4) é frequentemente utilizado como algicida em tanques de peixes comerciais e recreativos para controlar o crescimento de fitoplâncton e algas filamentosas e para controlar certas doenças de peixes (Michael *et al.*, 1986). Os peixes podem acumular cobre através da alimentação ou da exposição ambiental. Mesmo em baixas concentrações ambientais, o cobre mostra uma afinidade distinta para se acumular no fígado dos peixes. O aspeto anatómico patológico típico inclui uma grande quantidade de muco na superfície do corpo, sob as coberturas das brânquias e entre os filamentos das brânquias. As alterações histológicas induzidas pelo cobre encontram-se nas brânquias, no tecido hematopoiético dos rins, nos mecanorreceptores, nos quimiorreceptores e noutros tecidos. Foram documentadas alterações morfológicas e histológicas no fígado de peixes expostos ao cobre. Doses mais elevadas de cobre causaram lesões externas visíveis, como descoloração e necrose nos fígados de *Cyprinuscarpio*, *Carassiusauratus* e *Corydoraspaleatus* (Cavas *et al.*, 2005).

A vacuolização dos hepatócitos, a necrose, o encolhimento, a picnose nuclear e o aumento dos espaços sinusoidais foram as alterações distintas observadas no fígado dos peixes expostos ao cobre. Foi demonstrado que a exposição da tilápia do Nilo (*Oreochromis niloticus*) a níveis subletais de Cu provoca alterações histopatológicas nas brânquias (edema; vasodilatação do eixo vascular lamelar) e no fígado (vacuolização e necrose). *Oreochromis mossambicus* exposto ao Cu mostrou alterações histopatológicas nos testículos (necrose hemorrágica testicular; picnose; desintegração de espermatogónias primárias e tecido intersticial). Em peixes expostos ao cobre, *Esomusdanricus*, foi relatada uma diminuição do consumo de oxigénio e um aumento da atividade opercular devido a danos nas brânquias (Vutukuru *et al.*, 2005).

Foi relatado que concentrações elevadas de cobre inibem a enzima catalase (CAT) no fígado, brânquias e músculo após 24 horas de exposição na carpa (*Cyprinus carpio*) (Sanchez *et al.*, 1992).

2.6.3 Crómio O seu efeito nos peixes

O crómio tem uma densidade de 7,2 g/cm3 e é o 21º elemento mais abundante na crosta terrestre, com uma concentração média de 100 ppm (Emsley, 2001). Os compostos de crómio encontram-se no ambiente, devido à erosão de rochas, animais, plantas e solos que contêm Cr, e podem ser líquidos, sólidos ou gasosos. O Cr pode existir em valências de +3e +6, sendo o estado de oxidação do Cr (III) estável e dando origem a uma série de compostos crómicos, como óxidos (Cr_2O_3), cloretos ($CrCl_3$)

e sulfatos ($Cr_2(SO_4)_3$) (Emsley, 2001; Gonzalez *et al.*, 2005). O Cr é utilizado em ligas metálicas como o aço inoxidável, em revestimentos protectores de metal (galvanoplastia), em fitas magnéticas e em pigmentos para tintas, cimento, papel e borracha, sendo a sua forma solúvel utilizada em conservantes de madeira e como aditivo na água para prevenir a corrosão em sistemas de refrigeração industriais e outros (Hingston, 2001; OMS, 2003). O Cr hexavalente é muito tóxico e mutagénico quando inalado e é um conhecido carcinogéneo humano. A inalação de níveis elevados do elemento nesta forma pode causar irritação do revestimento do nariz e problemas respiratórios como asma, tosse, falta de ar ou pieira, podendo a exposição prolongada causar danos nos tecidos hepáticos, renais, circulatórios e nervosos, bem como irritação da pele (Dayan e Paine, 2001).

Foram registados níveis médios de Cr mais elevados do que o limite recomendado de 0,15 mg/kg em peixes de vários rios (FAO/OMS 2003; Obasohan, 2008; Abdel-Baki *et al.*, 2011).

Os sedimentos actuam como o mais importante reservatório ou sumidouro de metais e outros poluentes no ambiente aquático (Gupta *et al.*, 2009). A contaminação por metais pesados nos sedimentos pode afetar a qualidade da água e a bioacumulação de metais nos organismos aquáticos, resultando em potenciais implicações a longo prazo na saúde humana e no ecossistema (Fernandez *et al.*, 2007).

2.6.4 O cádmio e o seu efeito nos peixes

O cádmio tem um estado de oxidação de +2 e forma vários compostos inorgânicos, como sulfatos, cloretos e acetatos, a maioria dos quais são solúveis em água. O Cd é um subproduto da extração mineira e da fundição de Pb e Zn e é utilizado em baterias de níquel-cádmio e em pigmentos para tintas. O Cd pode ser encontrado em solos agrícolas devido a insecticidas, fungicidas, lamas e fertilizantes comerciais (Lamas *et al.*, 2007).

O cádmio, que é o metal pesado mais venenoso e não essencial, tem uma ampla distribuição na crosta terrestre e em ambientes aquáticos. A queima de combustíveis fósseis ou a incineração de resíduos urbanos são conhecidas como as maiores fontes de libertação de cádmio para o ambiente em geral (como o carvão ou o petróleo) (Al-Yousuf *et al.*, 2000). O cádmio pode também entrar na atmosfera a partir de fundições de zinco, chumbo ou cobre (Benaduce *et al.*, 2008). Pode entrar na água através da eliminação de resíduos domésticos ou industriais. Os fertilizantes contêm frequentemente algum cádmio. A taxa de reprodução dos organismos aquáticos também pode ser afetada devido à exposição a metais pesados e pode levar à extinção gradual das suas gerações em águas poluídas. Por exemplo, o cádmio e o mercúrio danificam os rins e causam sinais de toxicidade crónica, incluindo a deterioração da função renal, fraca capacidade reprodutiva, hipertensão, tumores e disfunção hepática (Linbo *et al.*, 2009).

O peixe é uma das principais fontes de proteína para os seres humanos. Os peixes constituem uma parte importante da dieta humana e, por conseguinte, não é surpreendente que tenham sido efectuados numerosos estudos sobre a poluição por metais em diferentes espécies de peixes comestíveis (Sassi *et al.*, 2010). O valor nutricional dos diferentes tecidos dos peixes depende da sua configuração bioquímica, como as proteínas, os aminoácidos, as vitaminas, os teores de minerais, etc. No presente estudo, a concentração sub-letal de cádmio mostrou variações nos padrões electroforéticos dos segmentos de proteínas no músculo e nas brânquias de *O. mossambicus*.

2.6.5 O zinco e os seus efeitos nos peixes

O zinco constitui cerca de 75 ppm da crosta terrestre, o que o torna o 24º elemento mais abundante, com uma densidade de 7,14g/cm3. O Zn encontra-se normalmente associado a outros metais de base, como o Cu e o Pb, em minérios e tem uma baixa afinidade com o oxigénio, preferindo ligar-se ao enxofre, ocorrendo em minérios como a esfalerite (ZnS), a calamite (ZnCO3) e a zincite (ZnO). O Zn forma ligas como o latão e o bronze e tem sido utilizado na construção de edifícios, coberturas e revestimentos (Emsley, 2001). Outras utilizações do Zn incluem o fabrico de placas de circuitos, fotocopiadoras, baterias de pilhas secas e os seus compostos são utilizados nas indústrias química e farmacêutica, como tintas, medicamentos e suplementos nutricionais (Reilly, 2002).

O zinco pode acumular-se no corpo de alguns peixes, quando estes vivem em cursos de água contaminados com zinco. Quando o zinco entra no corpo destes peixes, é capaz de se bioampliar ao longo da cadeia alimentar. "As concentrações de zinco nos tecidos dos peixes diminuem significativamente com o aumento do comprimento dos peixes", é considerado um assunto controverso (Moiseenkon *et al.*, 2008), O zinco, um elemento essencial, é um dos poluentes de metais pesados mais comuns.

Contudo, em concentrações elevadas, o zinco exerce efeitos adversos nos peixes, acumulando danos estruturais que afectam o crescimento, a melhoria e a sobrevivência dos peixes. O zinco acumula-se nas guelras dos peixes, o que provoca um efeito depressivo na respiração dos tecidos, levando à morte por hipoxia. A poluição por zinco também provoca alterações na fisiologia dos ventiladores e do coração (Khallaf *et al.*, 1998). Sabe-se que os níveis sub-letais de zinco afectam desfavoravelmente a eclodibilidade, a existência e as estruturas hematológicas dos peixes. O zinco pode causar efeitos sub-agudos que alteram o comportamento dos peixes. Os comportamentos observados incluem deficiência de equilíbrio, uma vez que a maior parte das barbatanas dos peixes afectados está parada, natação inquieta, consumo de ar, períodos de dormência e morte (Khaley *et al.*, 2000). O perigo do zinco é grave devido à sua perseverança quase ilimitada no ambiente, uma vez que não pode ser destruído biologicamente, sendo apenas transformado de um estado de oxidação ou de um complexo orgânico para outro. O zinco é um potencial tóxico para os peixes que causa perturbações da regulação ácido-base e iónica, perturbação do tecido branquial e hipoxia (Idriss *et al.*, 2015).

2.6.6 O chumbo e os seus efeitos nos peixes

O chumbo tem uma densidade de 11,3 g/cm3, número atómico 82, e é obtido a partir do mineral sulfureto galena, do carbonato cerussite e do sulfato anglesite. Os minérios são frequentemente encontrados em combinação com outros metais recuperáveis, como o Cu, o Zn e o Cd. O chumbo existe em vários estados de oxidação (O, I, II e IV), que são de importância ambiental, sendo a oxidação +2 a forma em que a maior parte do Pb é bioacumulada pelos organismos aquáticos (Akan *et al.,* 2009). O chumbo foi colocado na posição 2 da lista dos 20 metais pesados mais perigosos da Agência para o Registo de Substâncias Tóxicas e Doenças (ATSDR) e é responsável pela maioria dos casos de envenenamento pediátrico por metais pesados (ATSDR, 2002). O chumbo tem sido utilizado no fabrico de tubos, ralos e materiais de soldadura, bem como no fabrico de pilhas, canalizações, munições, aditivos para combustíveis, pigmentos para tintas e pesticidas (ATSDR, 2005).

O chumbo tem sido particularmente preocupante devido à sua toxicidade e capacidade de bioacumulação nos ecossistemas aquáticos, bem como à sua persistência no ambiente natural (Miller *et al.,* 2002; Anim *et al.,* 2010). Sabe-se que o chumbo se acumula nos tecidos dos peixes, como ossos, brânquias, fígado, rins e escamas, sendo a troca gasosa através das brânquias para a corrente sanguínea o principal mecanismo de absorção (Oguzie, 2003; Tawari-Fufeyin e Ekaye, 2007).

Uma vez que os peixes têm a capacidade de bioacumular metais durante muito tempo, o nível de iões metálicos num determinado momento pode não fornecer informações precisas sobre a concentração nesse momento específico. Os níveis de Pb registados nos rios Ogba, Warri e Ikpoba foram inferiores ao limite padrão da OMS e da FEPA de 2,0mg/kg para peixes alimentares, o que implica que o consumo de peixes destes rios, no que diz respeito à contaminação por Pb, é seguro (Oguzie, 2003; Obasohan, 2008). As concentrações elevadas de mais de 2,0 mg/kg nos peixes durante a estação seca foram atribuídas às altas temperaturas da água associadas à estação seca (Obasohan, 2008). As temperaturas mais elevadas podem resultar em taxas de atividade e ventilação mais elevadas nos peixes e tendem a diminuir a afinidade do sangue pelo oxigénio, aumentando assim a taxa de acumulação de poluentes (Nussey *et al.,* 2000; Obasohan, 2008). Uma temperatura mais elevada pode também conduzir a taxas metabólicas mais elevadas, o que pode induzir uma maior alimentação e, por sua vez, resultar num aumento da concentração de metais, se estes forem absorvidos através da cadeia alimentar (Nussey *et al.,* 2000).

Quando a acumulação atinge um nível substancialmente elevado, os metais pesados acumulados nos tecidos dos animais aquáticos podem tornar-se tóxicos (Sfakianakis *et al.,* 2015). Os organismos aquáticos expostos a uma concentração mais elevada de metais pesados na água podem absorver quantidades substanciais desses metais. A bio-magnificação de um poluente pode levar a níveis tóxicos em espécies no topo da cadeia trófica e em sistemas de água doce. O chumbo (Pb) é um poluente ambiental potente. As pessoas e os peixes estão expostos ao chumbo principalmente através da respiração e da ingestão de alimentos, água, solo ou poeiras. O chumbo acumula-se no sangue, nos ossos, nos músculos e na gordura. Danifica os órgãos - O chumbo causa danos nos rins, fígado, cérebro e nervos, e noutros órgãos. A exposição ao chumbo pode também provocar osteoporose (doença dos ossos frágeis) e perturbações reprodutivas.

2.6.7 Níquel (Ni) e o seu efeito nos peixes

O níquel, com uma densidade de 8,9 g/cm3 , forma facilmente ligas com o ferro, o alumínio, o zinco, o molibdénio e o cobre e pode ser dissolvido em ácidos diluídos (Reilly, 2002). São conhecidos compostos de níquel (II) com todos os aniões comuns, ou seja, sulfureto, sulfato, carbonato, hidróxido, carboxilatos e halogenetos. Nos seus compostos, o Ni tem várias utilizações na indústria química, como catalisador para a hidrogenação, como cátodo em muitas baterias recarregáveis, incluindo níquel-cádmio, níquel-ferro, níquel-hidrogénio e hidreto de níquel-metal, e utilizado por alguns fabricantes em baterias de iões de lítio (Davis, 2000). Cerca de 60% da produção mundial é utilizada em aços de níquel (nomeadamente aço inoxidável) (Obasohan, 2008). A toxicidade do níquel é geralmente baixa, mas foram registados níveis elevados que causam efeitos sub-letais (Nussey *et al.,* 2000). Entre os efeitos conhecidos do Ni relacionados com a saúde contam-se as alergias cutâneas, a fibrose pulmonar, graus variáveis de envenenamento dos rins e do sistema cardiovascular e a estimulação da transformação neoplásica. Pensa-se que os fumos e as poeiras de sulfureto de níquel são cancerígenos e que vários outros compostos de Ni também o podem ser (Kasprzak *et al.,* 2003). A toxicidade dos carbonilos de Ni é função tanto da toxicidade do metal como da capacidade do carbonilo para libertar gás monóxido de carbono altamente tóxico, sendo explosivo no ar (Nussey *et al.*, 2000). Sabe-se que os peixes acumulam Ni em diferentes tecidos quando expostos a níveis elevados no seu ambiente (Nussey *et al.*, 2000; Obasohan e Oronsaye, 2004).

Awofolu *et al.* (2005) sugeriram que as possíveis fontes de Ni nas águas de superfície incluem actividades antropogénicas, combustão de combustíveis fósseis, resíduos de baterias antigas, componentes de automóveis, moedas antigas e muitos outros artigos que contêm aço inoxidável e outras ligas de Ni.

Os níveis elevados de Ni detectados na água do rio Tyume podem ser uma fonte que contribui para os níveis nos legumes irrigados, pelo que a avaliação contínua é altamente essencial (Awofolu *et al.*, 2005).

2.6.8 Manganês (Mn)

O manganês constitui cerca de 1000 ppm (0,1%) da crosta terrestre, sendo assim o 12º elemento mais abundante (Emsley, 2001). O Mn ocorre principalmente como pirolusite (MnO2), psilomelano (BaH2O)2Mn5O10 e, em menor grau, como rodocrosite (MnCO3). Os compostos de manganês são poderosos agentes oxidantes com vários estados de oxidação (+4 e +7) e podem combinar-se diretamente com o boro, o carbono, o enxofre, o silício e o fósforo (Emsley, 2001). Entre os vários estados de oxidação, o estado de oxidação +2 é o mais estável e o utilizado nos organismos vivos para funções essenciais, enquanto os outros estados são tóxicos para o corpo humano. Dependendo do seu estado de oxidação, os iões de Mn têm várias cores e são utilizados industrialmente como pigmentos, enquanto o MnO2 é utilizado como material catódico em pilhas e baterias secas padrão e alcalinas descartáveis. Como elemento livre, é um metal com importantes utilizações industriais em ligas metálicas, particularmente em aços inoxidáveis e na fosfatação de Mn utilizada como tratamento para a prevenção da ferrugem e da corrosão do aço (Zhang e Cheng, 2007). Embora seja um mineral vestigial necessário para todos os organismos vivos conhecidos, em quantidades maiores, e aparentemente com uma atividade muito maior por inalação, o Mn pode causar uma síndrome de envenenamento em mamíferos, com danos neurológicos que são por vezes irreversíveis (ATSDR, 2002).

Foram registados estudos sobre o Mn em peixes de diferentes rios (Oguzie, 2003; Obasohan, 2008). Os níveis médios de Mn em peixes do rio Ogba variaram de 0,0 a 0,75mg/kg, e também foi registada uma concentração de Mn de 17,37 mg/kg nas brânquias de peixes do rio Nilo (Oguzie, 2003; Obasohan, 2008; Alaa e Osman, 2010). As elevadas concentrações de Mn são atribuídas ao facto de as brânquias serem o local dominante para a absorção de contaminantes devido às suas propriedades anatómicas e/ou fisiológicas que maximizam a eficiência de absorção da água (Alaa e Osman, 2010).

2.6.9 Alumínio (Al)

O alumínio (Al) é o terceiro metal mais comum e abundante na Terra, depois do oxigénio e do silício (Authman *et al.*, 2011). É semelhante a muitos outros metais na medida em que é geralmente considerado mais tóxico na sua forma iónica solúvel. Encontra-se no ar atmosférico das grandes cidades e áreas industrializadas, e é usado como agente de floculação no tratamento de água (Silva *et al.*, 2007). A toxicidade do alumínio para os peixes depende em grande parte das propriedades físico-químicas da água e particularmente do seu pH. O alumínio é solúvel em valores de pH inferiores a 6,0 (Svobodova, 1993). O mecanismo de toxicidade nos peixes parece estar relacionado com a interferência no equilíbrio iónico e osmótico e com problemas respiratórios resultantes da coagulação do muco nas guelras dos peixes, tendo-se verificado que causa uma fusão grave das lamelas e dos filamentos nas guelras (Abdel-latif, 2008). O Al é considerado um químico desregulador endócrino em fêmeas adultas *de Oreochromis niloticus*. Os peixes expostos ao Al apresentaram contagens totais de eritrócitos significativamente mais elevadas; hematócrito (Hct); concentração média de hemoglobina corpuscular (MCHC) e hemoglobina corpuscular média (MCH), enquanto o volume corpuscular médio (MCV) foi significativamente mais baixo (Alivan *et al.*,2009). A utilização de concentrações tão baixas como 0,52 mg/l de alumínio levou a uma redução acentuada do crescimento dos peixes (Bjerkness, 2003). As alterações fisiológicas frequentemente observadas em diferentes espécies de peixes expostos ao Al estão principalmente relacionadas com perturbações cardiovasculares, hematológicas, respiratórias, ionoreguladoras, reprodutivas, metabólicas e endócrinas, para além de danos estruturais nas brânquias (Peuranen, 1993).

2.6.10 Arsénio (As)

O arsénico chega aos ecossistemas aquáticos através de uma variedade de fontes, incluindo empresas de produção, minas de minerais ou de decapagem, operações de fundição e centrais eléctricas (centrais eléctricas). Uma das principais fontes de arsénio na agricultura é o fabrico e a utilização de desfolhantes e pesticidas arsenicais. Também tem sido utilizado para matar plantas aquáticas para reduzir a dificuldade encontrada durante a pesca com anzol e linha em áreas cobertas de vegetação aquática (Sorensen *et al.,* 1991). O arsénio é capaz de se acumular em grandes quantidades nos sedimentos do leito dos cursos de água e das albufeiras, bem como nos organismos aquáticos. Os compostos de arsénio no terceiro estado de oxidação (III) (arsenitos) são absorvidos muito rapidamente pelos peixes e são mais tóxicos do que os compostos de arsénio no estado de oxidação V (arsenatos) (Liao *et al.,* 2004).

O arsénico é metabolizado ativamente nos tecidos dos peixes, especialmente em órgãos como o fígado, e tem tendência para se acumular, tal como se verificou em diferentes teleósteos, como o peixe-lua verde, a truta arco-íris, a medaka japonesa e *a Tilapia mos0sambica.* As exposições crónicas podem resultar na acumulação do metaloide a níveis tóxicos e são responsáveis por várias doenças (Ahmed *et al.,* 2005). Os grânulos de hemossiderina representam provavelmente um local de armazenamento alternativo para os arsénicos nos teleósteos (Sorensen *et al.,* 1991).

Os peixes estão continuamente expostos ao arsénio através das suas brânquias e da ingestão de alimentos contaminados com As. Verificou-se que o arsénio provoca o inchaço das células da cabeça dos rins com edema intercelular em *Clarias batrachus* (Ghosh *et al.,* 2007), tendo também sido detectada vacuolação em *Clarias batrachus* expostos ao As. Por outro lado, as alterações histopatológicas renais em teleósteos de água doce foram significativas em várias espécies de peixes, como a truta arco-íris exposta ao arsénio, o peixe branco do lago e a truta do lago. Verificou-se também que o arsénio provoca uma depleção de linfócitos e centros de melanoma-macrófagos em *Clarias batrachus*. As alterações degenerativas hepáticas em peixes expostos ao arsénio incluem necrose submersa, necrose focal, proliferação dos ductos biliares, tampões biliares e corpos acidófilos. Outras alterações incluem a formação de corpos necróticos, corpos fibrosos e inclusões citoplasmáticas e intra-nucleares de As nos hepatócitos parenquimatosos (Sorensen *et al.*, 1991).

2.6.11 Mercúrio (Hg)

A água não poluída contém quantidades vestigiais que não excedem 0,1 µg/l de mercúrio (Devlin *et al.*, 1974). A principal fonte de mercúrio no ambiente são os fungicidas, especialmente nos fungicidas orgânicos como materiais mercuriais que são compostos orgânicos de mercúrio. Os dados crónicos sobre a toxicidade do mercúrio indicam que a forma orgânica do Hg, o metilmercúrio (MeHg+), é o mais cronicamente tóxico dos compostos de mercúrio (USEPA, 1986), e estima-se que 70 a 100% do Hg nos peixes esteja presente como MeHg+. O metilmercúrio é gerado pela metilação do Hg inorgânico por microrganismos como as bactérias anaeróbias redutoras de sulfato (SRB), as redutoras de ferro (FeRP) e as metanogénicas (MPA).

O aumento da temperatura da água atribuído às alterações climáticas pode estimular a metilação do Hg. Simulações de taxas de aquecimento dos oceanos de 0,4° C e 1° C previram aumentos na concentração média de MeHg+ de 1,7% (intervalo, 1,6-1,8%) e 4,4% (intervalo, 4,1-4,7%), respetivamente, resultando em concentrações elevadas de MeHg+ nos peixes [210,211]. A CL50 do MeHg para os peixes situa-se entre 0,004 e 0,125 *mg/L*, consoante a espécie, o que é muito inferior à CL50 do Hg inorgânico (OMS, 1989). Os efeitos adversos do metilmercúrio (MeHg) foram reconhecidos pela primeira vez no início da década de 1970, na sequência da poluição da Baía de Minamata, no Japão, e pouco depois de um envenenamento humano maciço que ocorreu no Iraque

(Bakir, 1973). Este composto organometálico é um contaminante ambiental altamente lipofílico, derivado do mercúrio inorgânico por atividade bacteriana, que atravessa facilmente a barreira sanguínea.

A principal via de exposição dos peixes é através da ingestão de alimentos contaminados]. O fígado desempenha um papel central na ligação, armazenamento e redistribuição dos mercuriais que entram na circulação periférica. Os tecidos dos peixes são indicadores sensíveis da poluição aquática e têm uma elevada capacidade de bioacumulação de mercúrio, tanto para as formas orgânicas como inorgânicas (Gochfeld *et al.,* 2003). Embora tenham sido observados danos nos arcos branquiais, no fígado, nos rins, nos parâmetros sanguíneos, no epitélio olfativo e no sistema nervoso, alguns relatórios mostraram que os compostos de mercúrio podem ser retidos nos tecidos dos animais durante longos períodos, resultando em danos irreversíveis, tais como deficiências e lesões neurológicas, alterações comportamentais e cognitivas, ataxia, bem como convulsões, para além do seu efeito prejudicial na reprodução (Kirubagaran *et al.,* 1988). A necrose e a fibrose do lúmen tubular renal foram relatadas anteriormente em rins *de Clarias batrachus* expostos cronicamente ao mercúrio. Em concentrações muito baixas, o mercúrio reduz a viabilidade dos espermatozóides, reduz a produção de ovos e afecta a taxa de sobrevivência dos ovos em desenvolvimento e dos alevins [223]. Zaki et al. (Zaki *et al.,* 2011) observaram um aumento significativo dos níveis de colesterol, fosfatase alcalina, alanina aminotransferase (ALT), aspartato aminotransferase (AST) e cortisol e uma diminuição significativa dos valores de hemoglobina (Hb), hematócrito (Ht), proteína total média no soro e peso corporal de peixes *Clarias gariepinus* alimentados com 15 mg/kg de óxido de mercúrio na dieta durante 4 semanas.

2.7 Vários biomarcadores em peixes utilizados para monitorizar os metais pesados

O peixe tornou-se um dos temas preferidos na investigação de biomarcadores devido à sua sensibilidade às mudanças de temperatura, ao ambiente natural e à deterioração da qualidade da água e, além disso, a contaminação aquática influencia antagonicamente a saúde do peixe, o que pode provocar mortalidade e degradação do ecossistema (Skouras *et al.*, 2003). Os biomarcadores de peixes incluem a avaliação das alterações biomoleculares, celulares e fisiológicas que foram utilizadas para monitorizar o efeito biológico da exposição a substâncias tóxicas, especialmente metais.

A entrada de metais pesados por contacto direto pode fazer com que a inalação seja bioacumulada no fígado antes de ser distribuída para os tecidos do corpo dos peixes e causar anomalias no metabolismo, tais como desequilíbrio homeostático, inibição enzimática e atraso no desenvolvimento do crescimento a um nível elevado (Cohn *et al.*, 1992; Ali *et al.*, 2003; Canli e Atli, 2003; Flora *et al.*, 2008; Sarosiek *et al.*, 2009; Lauer *et al.*, 2012). Vutukuru *et al.* (2005) relataram que metais pesados como o cobre diminuíram a taxa respiratória e metabólica de peixes de água doce, *Esomus danricus*. A diminuição significativa do número de glicogénio, do consumo de oxigénio nos tecidos e do nível de piruvato em todo o corpo de *Cyprinus carpio* foi determinada devido ao stress provocado pela exposição ao cobre (Reddy *et al.*, 2008).

O meio para a estimativa foi preparado e deixado a correr durante 60 segundos de cada vez antes de a absorvância ser lida contra o branco a 340 nm. A temperatura foi mantida a aproximadamente 31°C. A absorvância foi medida com um espetrofotómetro.

CAPÍTULO 3

3.0 MATERIAIS E METODOS

3.1 Descrição da zona

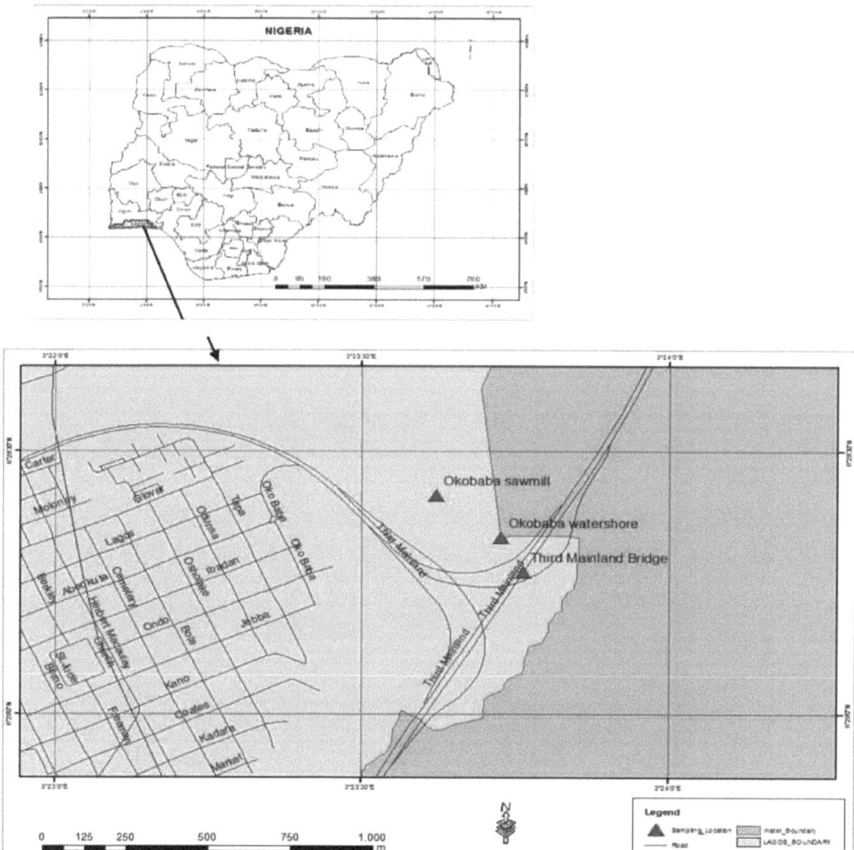

A lagoa de Lagos é o maior dos quatro sistemas lagunares da costa do Golfo da Guiné (Ajao *et al.*, 1996). Estende-se desde Cotonu até ao Delta do Níger. A lagoa tem cerca de 50 km de comprimento e 3 a 13 km de largura, separa-se do Oceano Atlântico por uma longa faixa de areia com 2 a 5 km de largura. A sua superfície é de aproximadamente 6.354,7 km^2 (Amaeze *et al.*, 2012). É bastante pouco profunda e está repleta de emblemas e barcos. A lagoa recebe a descarga dos rios Ogun e Osun e desagua no Oceano Atlântico através do porto de Lagos. É o sumidouro final de uma série de descargas/efluentes industriais e de escoamentos da metrópole circundante (Ajao *et al.*, 1996).

A indústria de serração de Okobaba está situada em Ebute Meta, no continente do Estado de Lagos, na Nigéria, perto da Terceira Ponte do Continente que une o continente à ilha de Lagos. A serração obtém a sua madeira de diferentes bosques em Lagos e arredores e é transportada por jangada através do lago das marés de Lagos até à serração para ser preparada em madeira serrada, contraplacado, etc. Para diminuir a pilha de serradura, os operadores da serração recorrem a queimadas constantes, que causam situações de grande impacto nos ocupantes da região. Estas situações incluem a contaminação por partículas de serradura, o fumo espesso e avassalador resultante da queima da serradura, o cheiro desagradável dos troncos de madeira submersos na lagoa de maré que se está a transformar, o raspar da madeira que, de uma forma ou de outra, chega à massa de água adjacente, etc. Os pontos de amostragem foram escolhidos tendo em conta as zonas mais poluídas.

Figura 1: Transporte de toras de madeira para a serraria de Okobaba através das águas de Okobaba.

Figura 2: Toro de madeira a ser transportado através da massa de água

Quadro 1: descrição e coordenadas das zonas de estudo

STATIONS	Description of study area	Co-ordinates	
		Longitudes	latitudes
1	Okobaba water shore	003°23. 631E	6°29. 345N
2	Under third Mainland Bridge	003^0 22.550E	06^0 29.344N
3	In front of Okobaba sawmill	003^0 23.621E	06^0 29.417N

1.1.1 Locais de estudo

Foram selecionadas e amostradas três estações no dia 29 de junho de 2016. As estações foram marcadas com o auxílio de um sistema de posicionamento global (GPS) e registadas como coordenadas das estações:

Estação 1: margem de água de Okobaba (mais próxima da serração)

Estação 2: Sob a terceira ponte do continente

Estação 3: Em frente à serração de Okobaba

1.1.1.1 Estação 1: Costa de água de Okobaba

A estação está localizada na longitude 003°23. 631E e latitude 6°29. 345N, mesmo em frente da serração de Okobaba. A cor da água é amarelo-esverdeado claro e o jacinto de água é a única vegetação flutuante. Não há povoações na zona e a principal atividade é o transporte de toros de madeira através da massa de água. O fundo da água está cheio de pó de serra em vez de sedimentos.

1.1.1.2 Estação 2: Sob a terceira ponte do continente em Okobaba

Está localizado verticalmente longe da serração em Okobaba (na longitude 003^0 22.550E e latitude 06^0 29.344N). A localização é na lagoa aberta. Houve uma queima contínua de resíduos de madeira. As vegetações flutuantes são jacintos de água, a água é castanha escura. Era o ponto de descarga de resíduos.

1.1.1.3 Estação 3: Em frente da serração de Okobaba

O local situa-se na longitude 003^0 23.621E e na latitude 06^0 29.417N. Fica perto da margem da água onde são depositados os resíduos de madeira. A cor da água é esverdeada devido ao crescimento de algas causado pelos lixiviados dos troncos de madeira. A vegetação flutuante é o jacinto de água. Havia troncos de madeira em toda a superfície da água. Havia um local de deposição de resíduos e um fluxo contínuo de pó de serra. O tipo de sedimento é de textura argilosa (escura) e misturado com serradura. A cor da água é castanha. O povoamento é disperso e escasso na zona. O jacinto de água é a principal vegetação flutuante e o tipo de solo é arenoso.

3.2 Funcionamento da amostragem

Três estações foram selecionadas e amostradas uma vez no dia 29th de junho de 2016. As estações foram marcadas com a ajuda de um sistema de posicionamento global (GPS) e as leituras no GPS foram registadas como coordenadas das estações de amostragem. As amostras foram recolhidas entre as 11h30 e as 14h00 do dia da recolha. As operações de amostragem foram efectuadas a bordo (utilizando um barco a motor). As amostras de sedimentos foram colhidas com uma pinça Van-Veen

3.2.1 Técnica de amostragem

Foi recolhido um total de três amostras de sedimento, água e biota nas três estações de amostragem. Foram utilizados frascos âmbar esterilizados para a recolha de amostras de água, as amostras de peixe e as amostras de sedimento foram embrulhadas em papel de alumínio. Todas as amostras foram mantidas num recipiente de arrefecimento com bloco de gelo para manter a integridade das amostras antes da análise.

3.3 Avaliação físico-química da água da lagoa in-situ

Os parâmetros físicos e químicos, tais como: pH, temperatura, condutividade eléctrica e salinidade, foram determinados a partir das amostras de água recolhidas. Estes parâmetros foram medidos in-situ através de um medidor de qualidade da água Horiba U-50.

3.4 Preparação e análise de amostras

3.4.1 Preparação e análise das amostras de água

A análise das amostras de água foi efectuada de acordo com a A.P.H.A. (1992). As amostras de água foram preservadas pela adição de um ml de ácido nítrico concentrado por litro até ao momento da análise. As amostras de água foram filtradas através de um filtro de membrana de 0,45μl. O volume necessário (100 ml) do filtrado foi recolhido para medir os níveis de ferro, chumbo, cobre, níquel, cádmio, zinco, crómio e manganês nas amostras de água, utilizando o espetrofotómetro de absorção atómica com chama de ar/acetileno (UNICAM 696 AA Spectrometer).

3.4.2 Preparação e análise das amostras de peixes

A amostra foi representada por um grama de tecidos dissecados das brânquias, do fígado, dos rins e dos músculos, depois colocados num tubo limpo com tampa de rosca e digeridos de acordo com o método descrito por *Finertyet al.* (1990). As soluções obtidas foram depois analisadas utilizando um espetrofotómetro de absorção atómica de chama de ar/acetileno (UNICAM 696 AA Spectrometer) para a determinação dos níveis de ferro, chumbo, cobre, níquel, cádmio, zinco, crómio e manganês nas amostras examinadas.

3.4.3 Preparação e análise de amostras de sedimentos

Os sedimentos foram levados para o laboratório para análise de metais pesados. As amostras foram analisadas quanto aos níveis de ferro, chumbo, cobre, níquel, cádmio, zinco, crómio e manganês.

3.5 Técnicas gerais de bioensaio

3.5.1 Animais de ensaio (origens, aclimatação e seleção) para bioensaios

Os alevins de Clarias gariepinus de idade semelhante (1 -2 semanas de idade) e tamanho (comprimento médio do focinho à cauda: 4 ± 2 cm e peso médio: 15 ± 8 g) foram recolhidos numa exploração piscícola local em Surulere, Lagos. Pós-juvenis de Clarias gariepinus (6 -8 semanas de idade) e tamanho (comprimento médio do focinho à cauda: 16,00 ± 6,00 cm, peso médio: 39,00 ± 11,00 g) foram também recolhidos numa mesma exploração piscícola em Surulere, Lagos. Os animais foram transportados para o laboratório, Jardim Zoológico, Universidade de Lagos, e mantidos em tanques de plástico transparentes que continham água desclorada e arejada (20 litros). Permitiu-se que os animais testados se aclimatassem às condições laboratoriais (28 ± 2°C, R.H 70 ± 2%) durante um período de sete dias antes de serem utilizados nos bioensaios. Durante a aclimatação, os animais foram alimentados com ração Coppens 0,5 -2,0 mm (40g por 100 animais). A água da exploração foi mudada uma vez de dois em dois dias para evitar a acumulação de resíduos e partículas de alimentos em decomposição. A alimentação foi interrompida 24 horas antes do início dos bioensaios.

3.5.2 Produtos químicos de teste

Foram utilizados zinco como $ZnCl_2.4H_2O$ e cobre como $CuSO_4.5H_2O$. Estes produtos químicos foram fabricados pela J.T. Baker, uma divisão da Mallinckrodt Baker Inc.

3.5.3 Contentores de bioensaios

Foram utilizadas taças de plástico circulares (volume: 6 litros, diâmetro inferior: 22 cm e diâmetro superior: 33 cm) como recipiente de bioensaio.

3.5.4 Preparação dos meios de ensaio

As soluções de reserva foram preparadas com 1 g de compostos de ensaio e dissolvidas em 1000 ml de água destilada, para obter soluções. Misturou-se tudo com uma vareta de vidro para garantir uma mistura correta. O volume calculado das soluções de reserva foi retirado com uma seringa e completado até 5 litros para obter uma concentração pré-determinada de meios de ensaio. Os meios de ensaio foram sempre completados até 5 litros para pós-juvenis porque os estudos preliminares mostraram que 5 pós-juvenis sobreviveram bem em 5 litros de meios.

3.5.5 Seleção do animal para o bioensaio

Os alevins activos para o ensaio de toxicidade aguda e os pós-juvenis activos para o ensaio subletal, de idade e tamanho semelhantes, foram retirados dos tanques de retenção e distribuídos aleatoriamente pelos contentores envolvidos numa série de experiências

3.6 Teste de toxicidade aguda

A experiência foi efectuada com uma densidade de 4 peixes por recipiente de plástico. Foram efectuados testes de determinação da gama de concentrações, a fim de determinar a concentração real do tóxico (sulfato de cobre e cloreto de zinco) necessária para o teste definitivo. No teste de determinação da gama de concentrações, o tóxico foi introduzido a 1ml, 20ml e 40g/L para o cobre e 2ml, 30ml e 70ml para o zinco, enquanto o controlo tinha uma concentração zero (0g/L). Os resultados obtidos no teste de determinação da gama forneceram um guia para determinar os níveis de concentração a utilizar no teste definitivo. Assim, o teste definitivo foi efectuado utilizando concentrações de sulfato de cobre de 1ml, 2,5ml, 3,5ml, 5ml e

7ml e concentração de cloreto de zinco de 5ml, 15ml, 25ml, 35ml e 50ml. Os controlos tinham uma concentração zero (0,g/L) dos tóxicos. O resultado obtido neste teste foi utilizado na determinação gráfica da Concentração Letal Mediana (CL_{50}).

3.6.1 Recolha de dados sobre a mortalidade

A mortalidade dos peixes foi registada às 12, 24, 36, 48, 60, 72, 84 e 96 horas de exposição, e os peixes mortos foram imediatamente retirados dos meios de ensaio.

3.6.2 Análise estatística

O método de análise Probit foi utilizado para calcular o LC50 de 96 horas e o valor letal para o cobre e o cobalto com um intervalo de confiança de 95% (Hamilton *et al.*, 1977).

3.7 Estudos bioquímicos e histopatológicos de *Clarias gariepinus* expostas a concentrações sub-letais de (Zn e Cu) actuando isoladamente em bioensaios semi-estáticos

3.8 pós-juvenis activos de idade e tamanho semelhantes foram expostos a uma concentração sub-letal e a experiências de controlo em 2 réplicas (4 pós-juvenis por réplica). Estas séries de bioensaios prolongaram-se por 21 dias e foi adotado o procedimento de bioensaio semi-estático. O objetivo é evitar alterações drásticas na concentração dos meios de ensaio através da evaporação e da redução excessiva do nível de oxigénio dissolvido. No procedimento semi-estático, cada meio de ensaio foi mudado para uma solução fresca com exatamente a mesma concentração de sal de metal pesado ou de controlo não tratado, respetivamente, uma vez de dois em dois dias, transferindo os mesmos animais de ensaio expostos para os meios de ensaio recém-preparados durante o período de 21 dias da experiência.

No final da experiência, os *C. gariepinus* vivos (tratamentos e controlos não tratados) foram selecionados aleatoriamente e dissecados para remover as brânquias e os fígados.

C. gariepinus foram expostos a concentrações subletais de metais pesados de ensaio em experiências do seguinte modo:

$ZnCl_2.4H_2O$ foi testado a: 1,65 ml (0,1 de 96hrLC50)
18,72 ml (nível ambiental)

$CuSO_4.5H_2O$ foi testado a:

0,27 ml (0,1 de 96hrLC50)

1,86 ml (nível ambiental)

A histologia e a bioquímica dos órgãos vitais dos organismos de ensaio foram estudadas a fim de determinar o efeito do sulfato de cobre e do cloreto de zinco nos mesmos. Os órgãos estudados incluem: brânquias e fígado

1.1.1 Exame histopatológico

Foram colhidas amostras de tecidos de *Clarias gariepinus* (brânquias e fígados) e fixadas em formalina neutra tamponada a 15 %. Foram processadas para obter secções de parafina de cinco micrómetros de espessura, depois coradas com hematoxilina e eosina (Bancroft *et al.,* 1996) e examinadas ao microscópio de luz.

Homogeneização das amostras de fígado para o ensaio de enzimas anti-oxidantes

A fração pós-mitocondrial do fígado de cada animal testado foi preparada de acordo com Habbu *et al.,*(2008). Os órgãos (fígado) foram lavados numa solução gelada e fria de KCl a 1,15%, secos e pesados. Em seguida, foram homogeneizados com tampão de fosfato 0,1 M (pH 7,2), antes de colocar cada um dos órgãos num almofariz; foi-lhe adicionada areia de laboratório (areia lavada com ácido) e misturada no almofariz com pilão. O homogenato resultante foi centrifugado a uma velocidade de 2500 rpm durante 15 minutos, após o que foi retirado da centrifugadora. O sobrenadante foi decantado e armazenado a -21°C até à determinação espectrofotométrica da atividade das enzimas antioxidantes utilizando o espetrofotómetro UV-VISIBLE (Habbu *et al.*, 2008)

3.8 Análise estatística

Os dados obtidos a partir da análise química foram submetidos a uma análise estatística descritiva (média, intervalo e desvio padrão com um limite de confiança de 95%).

3.9 Método do questionário

3.9.1 Métodos descritivos da secção transversal

Isto foi efectuado numa tentativa de fornecer respostas para a segunda fase. Neste estudo, foi utilizado um questionário pré-testado e uma entrevista presencial para recolher dados sobre os conhecimentos, atitudes e percepções dos inquiridos sobre os seus impactos na poluição da massa de água. Foi efectuada uma amostragem aleatória simples dos serradores e das pessoas que trabalham nas imediações.

3.9.2 População-alvo e população do estudo

Este estudo teve como alvo todas as pessoas que trabalham em torno da massa de água. A população do estudo foi constituída por todas as pessoas que trabalham na serração e no ambiente de Okobaba.

3.9.2.1 Variáveis independentes

As variáveis independentes utilizadas no estudo incluíram o nível de educação, o sexo e a idade dos participantes.

3.9.2.2 Variáveis dependentes

As variáveis dependentes foram o conhecimento, a atitude e a perceção dos participantes no estudo sobre as causas da poluição da massa de água.

3.9.3 Fiabilidade

O questionário de pesquisa e as perguntas a serem utilizadas para este estudo foram construídos de acordo com os objectivos específicos do estudo. O questionário foi pré-testado em torno da Lagoa de Okobaba.

3.9.4 Considerações éticas

Foi pedida autorização ao Departamento de Zoologia da Universidade de Lagos, Akoka, Estado de Lagos. Foi obtido o consentimento informado dos participantes individuais depois de lhes ter sido explicado o objetivo do estudo. A confidencialidade foi assegurada durante todo o estudo.

CAPÍTULO 4

4.0 RESULTADO

4.1 Parâmetros físico-químicos da lagoa de Okobaba

A Tabela 2 mostra os valores e os valores médios dos parâmetros físico-químicos (temperatura, pH, condutividade, turbidez, oxigénio dissolvido, transparência e sólidos totais dissolvidos) dos três pontos de amostragem. Os valores médios dos diferentes parâmetros da lagoa de Okobaba são comparados com as normas internacionais (normas da OMS) e nacionais (FEPA). Os valores dos parâmetros são mais elevados do que as normas

Tabela 2: Parâmetros físico-químicos da lagoa de Okobaba

Parameters	Point A	Point B	Point C	MEAN	WHO STANDARD	FEPA STANDARD
Temperature(^{0}C)	26.61	26.93	26.83	26.79	40	-
pH	7.30	9.56	8.62	8.49	6.5–8.5	6-9
Conductivity(mS/cm)	0.814	1.30	1.09	1.07	-	0.70
Dissolved oxygen(mg/l)	17.89	7.18	12.94	12.67	≥6	≥4
Turbidity(NTU)	60.0	55.6	71.7	62.43	-	-
Total dissolved solid(g/l)	0.521	0.834	0.697	0.68	0.5	0.5
Salinity(ppt)	0.4	0.6	0.5	0.50	-	-
Depth(m)	0.25	0.30	0.45	0.33	-	-

4.2 Metais Pesados Analisados

A Tabela 3 mostra os resultados médios de alguns metais pesados analisados, tais como ferro, chumbo, cobre, níquel, cádmio, zinco, crómio e manganês em amostras de água, sedimentos e peixes da lagoa de Okobaba. O ferro tem o valor mais elevado de 304,95mg/kg, seguido do zinco, do manganês, do cobre, do chumbo, do crómio e do níquel. O cádmio tem a menor ocorrência com um valor de 0,20mg/kg.

Tabela 3: Média de metais pesados em peixes, água e sedimentos de Okobaba

HEAVY METAL(mg/kg)	WATER	SEDIMENTS	FISH	MEAN
Iron	0.92	499.09	110.81	304.95
Lead	0.0	6.6	0.0	3.30
Copper	0.0	12.19	1.86	7.03
Nickel	0.01	3.83	0.49	2.16
Cadmium	0.0	0.34	0.06	0.20
Zinc	0.0	95.92	18.72	57.32
Chromium	0.27	5.91	0.54	3.23
Manganese	0.06	9.45	6.06	42.76

4.3 Toxicidade aguda

Os valores LC50 de 96 horas fornecem um meio útil de comparar a toxicidade letal aguda relativa de tóxicos específicos para organismos em condições específicas. Inicialmente, a exposição dos peixes ao sulfato de cobre e ao cloreto de zinco mostrou inquietação, movimentos rápidos do corpo e dificuldade de respiração, com os peixes a deslocarem-se para a superfície para aspirar ar, movimentos intensos dos opérculos, acumulação de muco no corpo, perda de equilíbrio ao nadarem de lado e, por fim, os peixes desmaiaram e morreram. A partir dos resultados das leituras de mortalidade, os valores LC50 de 96 horas para sulfato de cobre e cloreto de zinco baseados na análise probit foram encontrados como sendo 2.7mg/l e 16.51mg/l respetivamente (Tabela-4). A suscetibilidade do peixe-gato, *Clarias gariepinus*, ao efeito letal do sulfato de cobre e do cloreto de zinco foi dependente da duração e da concentração, uma vez que a mortalidade aumentou com o aumento da concentração.

Quadro 4: Toxicidade aguda relativa (96hr-LC50) de Pb [Pb(NO3)2] e Zn (ZnCl2) actuando isoladamente contra *Clarias gariepinus*

Test chemicals	96hrs-LC50(95%CL)	SLOPE±S.E	probit equation
$ZnCl_2.4H_2O$	16.51()	±	Y
$CuSO_4.5H_2O$	2.7()	±	

4.4 Stress oxidativo induzido por cobre e zinco

Foram determinados os níveis de biomarcadores de stress oxidativo para o efeito do zinco e do cobre em *Clarias gariepinus*. O quadro 8 mostra os efeitos do nitrato de zinco e do cloreto de cobre nos biomarcadores de stress oxidativo, tais como a glutationa-S-transferase (GST), a superóxido dismutase (SOD), o malondialdeído (MDA) e a glutationa (GSH) em *C. gariepinus*.

O nível médio de GSH é mais baixo no cobre a nível ambiental com o valor de 39,37, seguido pelo cobre a 10% da LC50 com o valor de 41,30. O zinco a 10% da LC50 tem o nível mais elevado. O nível médio de SOD é mais elevado no cobre a nível ambiental, com um valor de 4,745, e o mais baixo entre os níveis de tóxicos expostos no zinco a 10% da CL50, com um valor de 4,375. O nível médio de GST é mais baixo no cobre 10% LC50 com um valor de 47,280 seguido do nível ambiental de cobre com um valor de 49,20. O seu valor no nível ambiental de zinco (54,50) é mais elevado do que no zinco 10% LC50 (49,49), o controlo tem o nível mais elevado com um valor de 59,39. O nível médio de MDA é mais elevado no nível ambiental de cobre com um valor de 3,64 e mais baixo no controlo com um valor de 0,650.

Quadro 5: Nível de stress oxidativo de *C. gariepinus* induzido por nitrato de zinco e cobre Cloreto

Concentration(mg/l)	GSH(µmol/ml)	SOD(µmol/ml)	GST(µmol/ml)	MDA(µmol/ml)
Copper 10%	41.300±0.042	4.490±0.014	47.20±0.184	1.030±0.014
Copper Level	39.370± 0.099	4.745±0.035	49.20±0.042	3.640±0.014
Zinc 10%	60.430±0.431	4.375±0.021	49.49±0.050	1.150±0.028
Zinc Level	40.770±0.792	4.610±0.028	54.50±0.021	1.885±0.050
Control	54.230±0.389	4.685±0.021	59.39±0.085	0.650±0.028

Result expresses as mean±S.D. values

Além disso, as figuras 3,4,5,6 mostram o nível de GSH, SOD, GST e MDA, respetivamente, do fígado de *C. gareipinus* tratado com cobre e zinco, bem como no controlo.

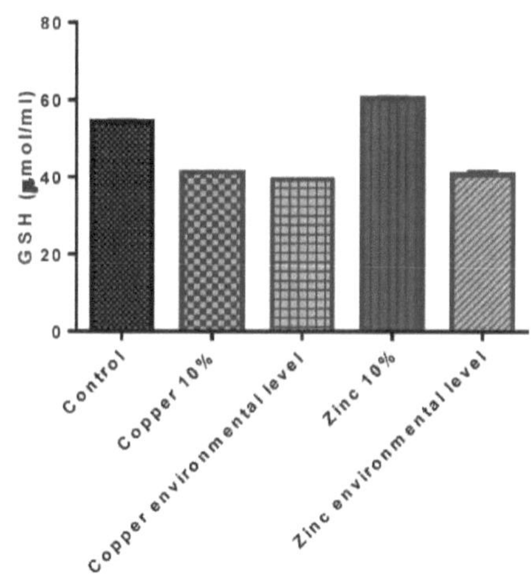

Figura 3: Nível de GSH no fígado tratado e no controlo

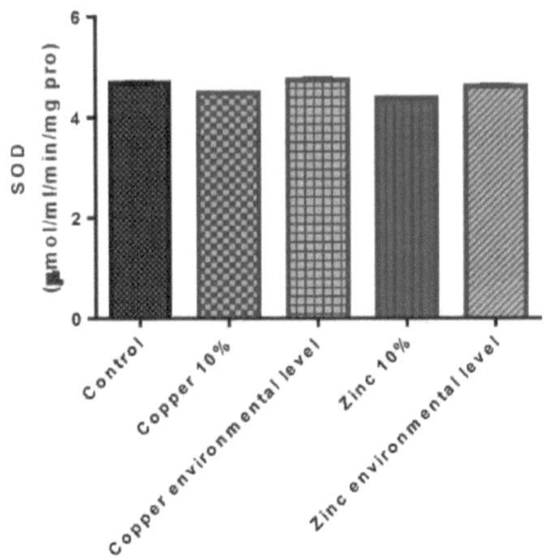

Figura 4: Nível de SOD no fígado tratado e no controlo

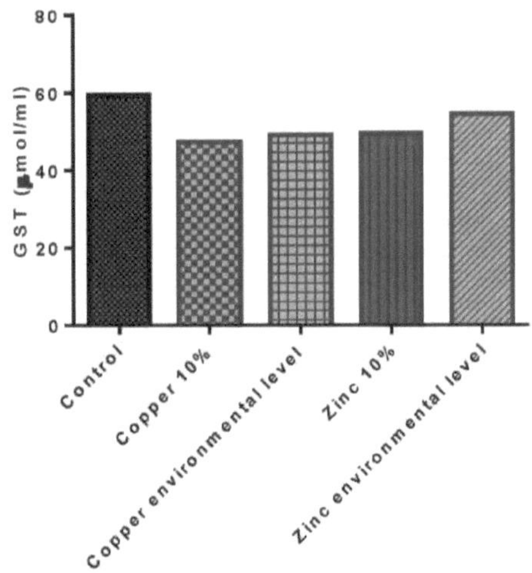

Figura 5: Nível de GST no fígado tratado e no controlo

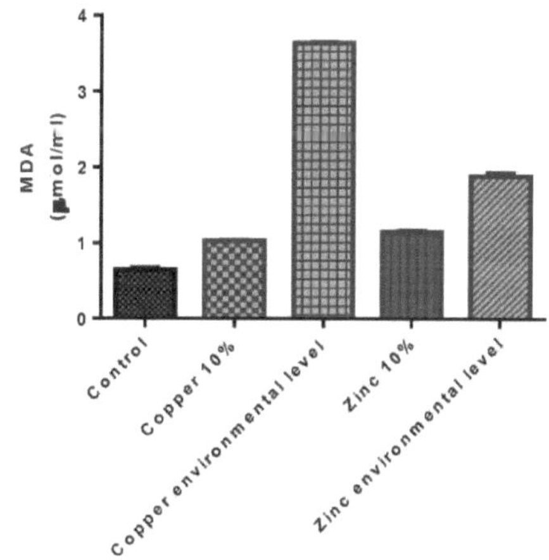

Figura 6: Nível de MDA no fígado tratado e no controlo

4.5 Efeito do cobre e do zinco na função hepática

Foram determinados os níveis de enzimas marcadores metabólicos no fígado do *C. gariepinus* exposto ao zinco e ao cobre durante um período de 21 dias. O perfil das enzimas hepáticas do *C. gariepinus* após 21 dias de exposição ao cobre e ao zinco a 1/10th LC50 e ao nível ambiental é apresentado no Quadro 9. A atividade média da enzima hepática AST de todos os grupos de peixes tratados durante 21 dias de exposição foi inferior ao nível de controlo. O cobre a nível ambiental tem o valor mais baixo com um valor de 2,935, seguido do zinco a nível ambiental com um valor de 3,040. O zinco a 10% LC50 tem o valor mais alto entre os fígados dos peixes tratados com um nível de 5,070.

As actividades médias de ALT de todos os peixes tratados foram todas superiores às do controlo (11,54). O nível mais elevado nos peixes tratados ocorreu no nível ambiental de zinco com um valor de 18,58 e o mais baixo ocorreu no nível ambiental de cobre com um valor de 13,610.

Os níveis médios de ALP de todos os peixes tratados foram todos inferiores aos do controlo (4,085). O nível mais elevado ocorreu no zinco ao nível ambiental (3,385) e o mais baixo no zinco a 10% da LC50 (28,715).

Além disso, as figuras 7, 8 e 9 mostram o nível de AST, ALT e ALP, respetivamente, nos peixes tratados e no controlo.

Quadro 6: Indicação dos níveis de ALP, AST e ALT de *C. gariepinus* induzidos por nitrato de zinco e cloreto de cobre

Concentration(mg/l)	AST(I/U)	ALT(I/U)	ALP(I/U)
Copper 10%	3.590±0.113	15.190±0.127	3.070±0.085
Copper Level	2.935±0.149	13.610±0.149	2.885±0.021
Zinc 10%	5.070±0.085	18.580±0.113	2.715±0.021
Zinc Level	3.040±0.042	18.090±0.021	3.385±0.049
Control	5.325±0.134	11.540±12.610	4.085±0.050

Result expresses as mean±S.D. values

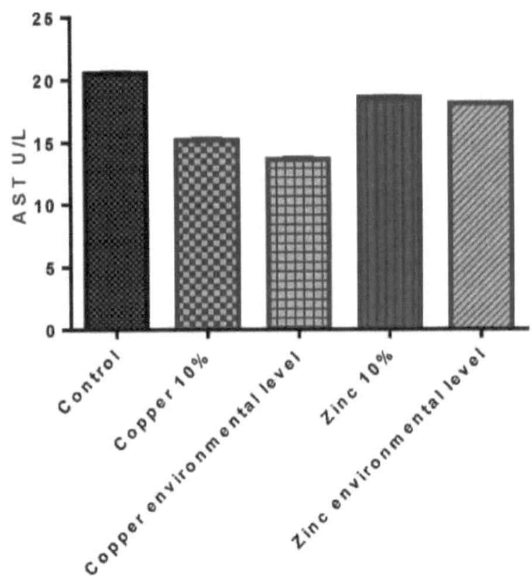

Figura 7: Nível de AST no fígado tratado e no controlo

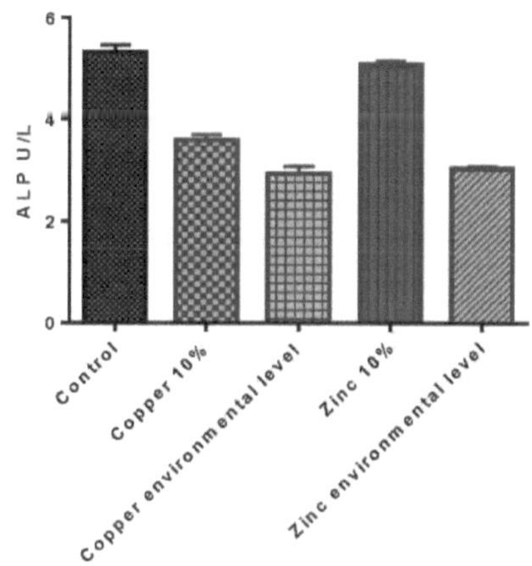

Figura 8: Nível de ALP no fígado tratado e no controlo

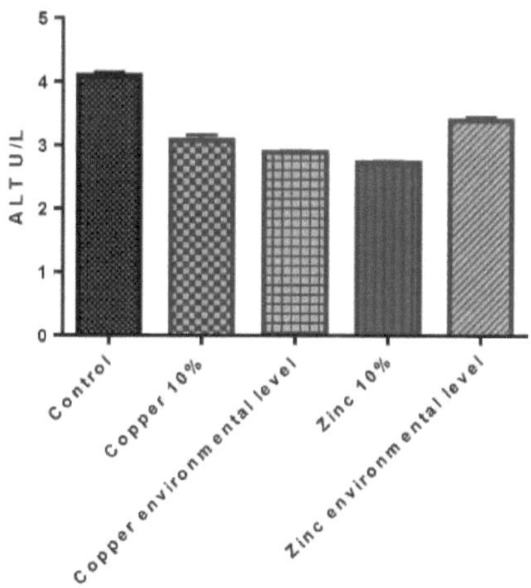

Figura 9: Nível de ALT do fígado tratado e do controlo

4.6 Alterações histopatológicas causadas pelo cobre e pelo zinco

O exame histológico de amostras de brânquias e fígado de peixes tratados com cobre e zinco, tanto a nível ambiental como a 10% LC50, mostrou lamelas fundidas, fígado esteatónico, hemorragias, congestão e degeneração do fígado (Placa 1-10). Mostrou as alterações histopatológicas nas brânquias e fígados *de Clarias gariepinus* causadas pelo zinco e pelo cobre. As brânquias e os fígados tratados apresentam alterações histológicas significativas em comparação com as brânquias e os fígados de controlo.

Efeito do zinco e do cobre nas brânquias *de Clarias gariepinus*

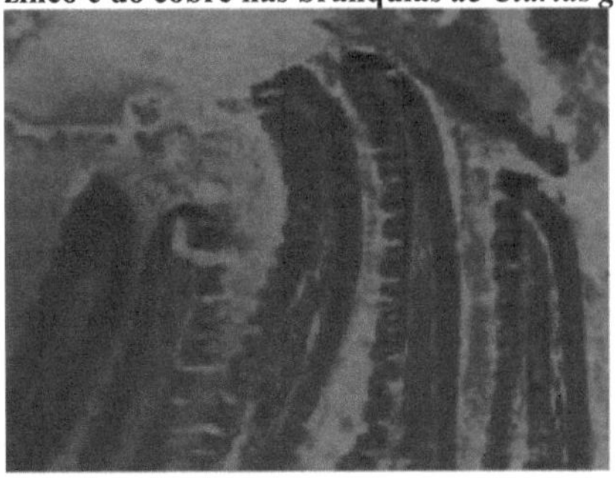

Placa 1: Brânquias de *C. gariepinus* com 10% de zinco, mostrando lamelas secundárias fundidas

Placa 2: Brânquias em ambiente de zinco mostrando cartilagem normal

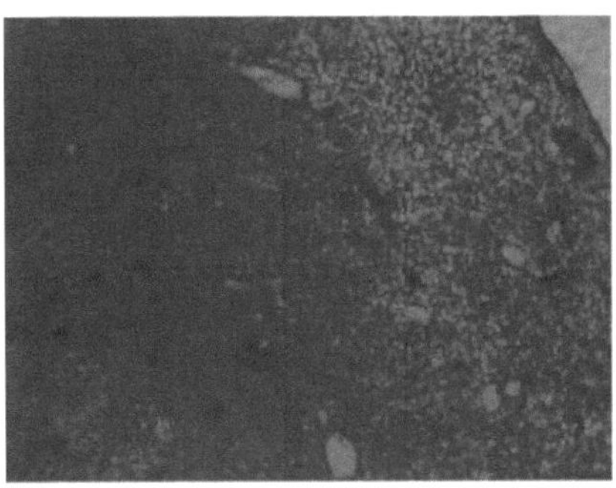

Placa 3: Brânquias de cobre a 10% Brânquias esteatóticas

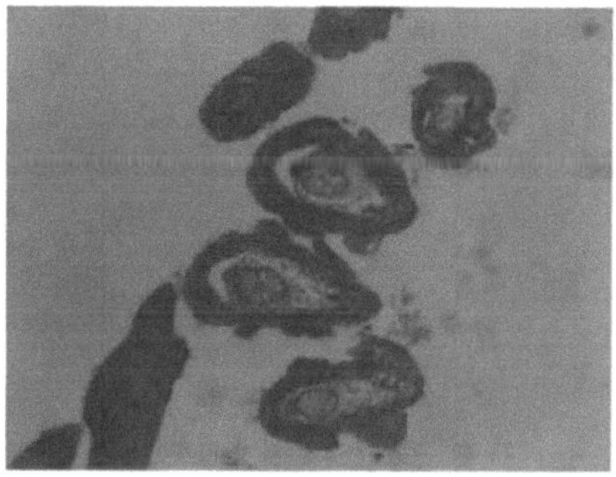

Placa 4: Brânquias em ambiente de cobre mostrando lamelas secundárias fundidas

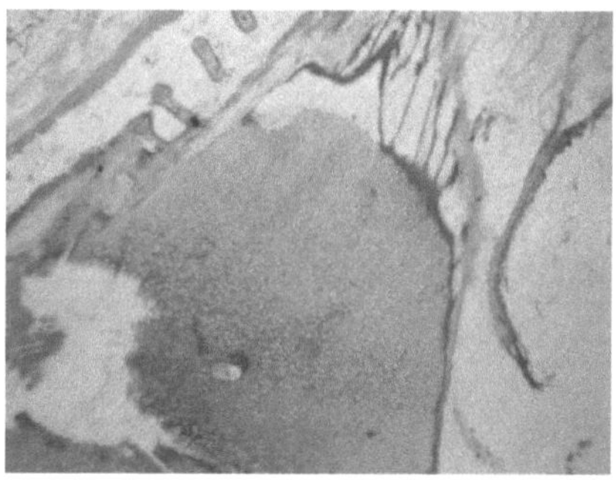

Placa 5: Cartilagem C normal das brânquias

FÍGADO

Placa 6: Fígado com 10% de zinco apresentando esteatose

Placa 7: Esteatose hepática em ambiente de zinco S com glóbulos vermelhos na veia central

Placa 8: Cobre 10 % Mostrando hemorragias, congestão, ramificação e degeneração

Placa 9: Fígado em ambiente de cobre mostrando fígado normal com hepatócitos

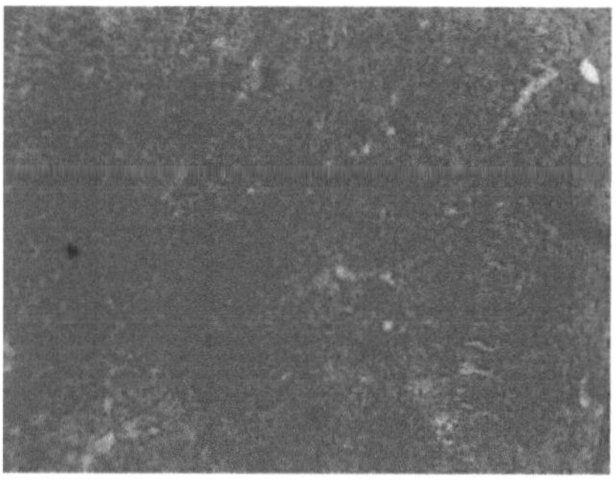

Placa 10: Fígado de controlo mostrando um fígado normal com hepatócitos

4.7 RESULTADOS DO QUESTIONÁRIO

O quadro 10 apresenta as caraterísticas demográficas dos serradores. 90% deles são do sexo masculino e os restantes 10% são do sexo feminino. A faixa etária começa a partir dos 11 anos. A maioria dos inquiridos tem o ensino secundário como nível de ensino mais elevado. 52% dos inquiridos residem noutras zonas que não Makoko e Okobaba, ambas em torno da massa de água. 37% dos inquiridos residem em Okobaba. A maioria (75%) dos inquiridos tem até 3-10 anos de experiência.

Quadro 7: Caraterísticas demográficas dos serradores inquiridos

Demography	Categories	Frequency	Percentage (%)
Gender	Male	36	90
	Female	4	10
	Total	**40**	**100**
Age	11-20	2	5
	21-30	12	30
	31 and above	26	65
	Total	**40**	**100**
Level of education	Primary	0	0
	Secondary	11	27.5
	Tertiary	1	2.5
	Others	28	70
	Total	**40**	**100**
Residence	Okobaba	15	37.5
	Makoko	4	10
	Others	21	52.5
	Total	**40**	**100**
Years of experience	3-10	30	75
	11-15	7	17.5
	16-20	3	7.5
	21 and above	0	0
	Total	**40**	**100**

CHAVE DE CLASSIFICAÇÃO (ESCALA DE TIPO LIKERT)

Concordo totalmente (**SA**)4pontos

Concordo (**A**)3pontos

Discordar (**D**)2pontos

Discordo totalmente (**DP**) 1 ponto

O quadro 11 mostra as conclusões sobre a recolha de madeira e a sua preservação. Foi acordado que as madeiras são obtidas em diferentes áreas dentro e fora de Lagos. Foi acordado que as madeiras são transportadas através da lagoa de maré. Foi fortemente acordado que o Solignum era o principal inseticida utilizado para tratar as madeiras.

Quadro 8: resultados da recolha de madeira e da sua conservação

S/No	Rafting of timbers to the saw mills and their preservations	SA	A	D	SD	Mean points
1	The timbers are sourced for from different areas within and outside Lagos	23	14	2	1	3.48
2	The timbers are transported through the tidal pond	31	9	0	0	3.78
3	The timbers are transported through log loader truck	5	3	32	0	2.33
4	Aldrin is used in treating the timbers	0	0	8	32	1.20
5	Chlordane are also use in preserving the timbers	0	0	40	0	2.00
6	Solignum is the main insecticide used to treat the timbers	35	5	0	0	3.88
7	There are about 20 saw-milling factories in the whole saw-mill	40	0	0	0	4.00
8	There are at least 3 workers in each of the saw-milling factories	40	0	0	0	4.00
9	Each of the factories process more than 10 timbers into timber products weekly	18	11	11	0	3.18
10	Timber processing operation is done daily in each of the factories	18	15	7	0	3.28

O quadro 12 mostra as conclusões sobre o armazenamento e a queima de serradura e outros resíduos de madeira. Foi acordado que a serradura e outros resíduos de madeira são armazenados junto à lagoa. Também foi acordado que há uma queima contínua de serradura e outros resíduos de madeira. Foi acordado que o pó de serra e outros resíduos de madeira são utilizados pelas pessoas dentro e fora da comunidade.

Quadro 9: Resultados sobre o armazenamento e a queima de serradura e outros resíduos da transformação da madeira

S/No	Storage and blazing of saw dust and other waste from timber processing	SA	A	D	SD	Mean
1.	The saw dust and other wood wastes are stored adjacent to the Lagoon	36	4	0	0	3.9
2.	The stored saw dust and other wood wastes are washed by water and wave activities into the Lagoon	25	10	4	0	3.45
3.	There is continuous blazing of the saw dust and other wood wastes to reduce their piles	28	12	0	0	3.70
4.	The smoke from the blazing of the saw dust and other wood wastes affect the workers and other community dwellers	7	23	10	0	2.93
5.	The saw dust and other wood wastes that end up in water change the colour of the Lagoon around the saw-mill axes	32	4	3	1	3.66
6.	The saw dust and other wood wastes cause the sediment level to rise	30	8	1	1	3.66
7.	The rise in sediment level affect the movement of big vessel through the waterfront	0	4	28	8	1.85
8.	The saw dust and other wood wastes are used by people outside the community	23	8	7	2	3.30
9.	The saw dust are transported through the water by people from community adjacent to the waterfront	20	6	9	5	3.00
10	Power generating plants are used during wood processing when there is power failure	32	4	4	0	3.70

A Tabela 13 mostra as caraterísticas demográficas dos moradores da comunidade. 76,67% dos quais são do sexo masculino e os restantes 23,33% são do sexo feminino. A maioria deles (67,67%) tem idade superior a 31 anos. O nível de instrução mais elevado é o ensino secundário. A maioria deles (45%) reside em Okobaba.

Tabela 10: Caraterísticas demográficas dos moradores da comunidade inquiridos

Demography	Categories	Frequency	Percentage
Gender	Male	46	76.67
	Female	14	23.33
	Total	**60**	**100**
Age	7-20	15	25
	21-30	5	8.33
	31 and above	40	66.67
	Total	**60**	**100**
Level of education	Primary	4	6.67
	Secondary	11	18.33
	Tertiary	3	5
	Others	42	70
	Total	**60**	**100**
Residence	Okobaba	27	45
	Makoko	19	31.67
	Others	14	23.33
	Total	**60**	**100**
Occupation	Fishing	8	13.33
	Trading	15	2.5
	Students	18	30
	Others	19	31.67
	Total	**60**	**100**

O quadro 14 apresenta as conclusões sobre os meios de subsistência dos habitantes da comunidade. Foi acordado que a principal ocupação dos habitantes da comunidade é a pesca. Também foi acordado que a água da lagoa é usada pelos habitantes da comunidade para tomar banho. Foi fortemente acordado que há uma redução drástica no número de peixes na lagoa.

Tabela 11: que mostra as conclusões sobre os meios de subsistência dos habitantes da comunidade, bem como sobre as actividades de pesca

S/No	Livelihood of the community dwellers as well as fishing activities	SA	A	D	SD	mean
1	The major occupation of the community dweller is fishing	15	24	16	5	2.80
2	Most of the people in the community and its environs are saw millers	25	8	27	0	2.96
3	The Lagoon water is used by the community dweller for bathing	33	12	11	4	3.23
4	The Lagoon water is not fit for drinking	38	22	0	0	3.60
5	The Lagoon water produces foul smell	33	22	3	2	3.40
6	Fish sellers around the waterfront smoke fish at their stands	4	31	18	7	2.50
7	Tilapia is the major harvested fish in the Lagoon	18	41	1	0	3.28
8	Catfish is occasionally harvested from the Lagoon	0	21	39	0	2.35
9	Fishes are harvested on boat with the use of fishing net	54	6	0	0	3.90
10	There is drastic reduction in the number of fishes in the Lagoon	46	3	10	1	3.57

O quadro 15 mostra as conclusões sobre a gestão dos resíduos na lagoa e nas suas imediações. Os participantes concordaram que os resíduos domésticos são despejados na margem da lagoa. Foi acordado que os resíduos são despejados e queimados na margem da lagoa. Foi acordado que os habitantes da comunidade defecam na lagoa.

Tabela 15: mostrando as conclusões sobre a gestão de resíduos na lagoa e em seu redor

S/No	Waste management in and around the Lagoon	SA	A	D	SD	mean
1.	The waste materials generated from different activities around the waterfront are recycled	18	38	0	4	3.17
2.	Domestic wastes are dumped at the bank of the Lagoon are from different areas of the community	42	15	3	0	3.65
3.	Waste materials are segregated before dumping	0	5	51	4	2.00
4.	These wastes materials (nylon, pet bottles, foil, metals and others) end up in the Lagoon	26	16	7	1	2.78
5.	The waste materials are dumped and burnt at the shore of the Lagoon	51	2	3	4	3.67
6.	The waste materials in the water body are not degradable	37	12	8	3	3.38
7.	There are public toilets in and around the waterfront	0	2	44	14	1.80
8.	Community dwellers defaecate in the Lagoon	42	4	3	11	3.28
9.	Waste waters from the service providers (food venders, mechanics etc.) around the waterfront are emptied into the Lagoon	1	5	52	2	2.08
10.	Waste materials are pre-treated before dumping at the bank of the Lagoon	0	0	37	23	1.62

CAPÍTULO 5

5.0 DISCUSSÃO

Os riachos e lagoas do sudoeste da Nigéria, para além da sua importância ecológica e económica, servem de sumidouro para a eliminação de um número crescente de tipos de resíduos, tais como resíduos de madeira, esgotos, etc. (Akpata *et al.,* 1993). No caso de okobaba (local de estudo), a principal fonte suspeita de poluição é a indústria de serração, localizada na margem da lagoa de Lagos em okobaba.

As condições físicas e químicas da massa de água dos locais de amostragem foram registadas. Os resultados obtidos neste estudo mostraram que a temperatura da água está dentro dos padrões da OMS e do FEPA. A gama de temperaturas da água observada neste estudo foi semelhante à registada para massas de água no sudoeste da Nigéria (Browm, 1998). De acordo com Edokpayi e Nkwoji, a temperatura não era considerada um fator ecológico importante nos trópicos.

O nível de transparência seguiu um padrão crescente em todas as estações. Sendo uma massa de água lótica, há um movimento excessivo de nutrientes e a concentração de poluentes é reduzida devido à corrente de água. O aumento da transparência também aumenta a produtividade primária, disponibilizando um volume de água em que as comunidades de fitoplâncton são fotossinteticamente eficientes (Francisco e Martine 1993). Os resultados obtidos neste estudo mostraram que a transparência é mais elevada em todas as três estações do que as normas da OMS e do FEPA.

A condutividade da água é dada como o índice do conteúdo iónico total que, por conseguinte, indica a frescura da massa de água. A condutividade nas estações de amostragem não apresenta um padrão regular. Normalmente, as águas com valores de condutividade inferiores a 100 mS/cm são águas doces, enquanto que as águas com valores superiores a 40.000 NScm-1 indicam águas marinhas. As que se situam entre estes dois limites são salobras. O resultado obtido neste estudo mostrou que a condutividade é mais elevada em todas as três estações do que as normas da OMS e do FEPA.

O pH pode afetar drasticamente a estrutura e a função do ecossistema, tanto direta como indiretamente, podendo levar a um aumento da concentração de metais pesados na água através de um aumento da concentração de metais pesados na água através de um aumento da condução do sedimento (Nwankwo,1998). O pH da água era ligeiramente ácido em todas as estações de estudo (7,30-9,56). Esta gama de pH foi semelhante à registada anteriormente na lagoa de Lagos. Chukwu e Nwankwo (2004) registaram uma gama de pH muito semelhante (7,2-8,2) num corpo de água adjacente à lagoa de Lagos.

O total de sólidos dissolvidos é a quantidade de matéria particulada que se encontra na coluna de água. Níveis elevados de sólidos dissolvidos resultam numa redução da penetração da luz que, por sua vez, reduz a produtividade primária e diminui o oxigénio dissolvido na massa de água (Oyenekan, 1988). Os sólidos dissolvidos registados neste estudo foram elevados. A distribuição da matéria orgânica na lagoa de Lagos tem sido atribuída a contribuições antropogénicas (Ajao,1990).

O oxigénio dissolvido (DO) está a ser esgotado ou utilizado pelos microrganismos e daí os valores elevados da carência bioquímica de oxigénio. O baixo Do observado nas estações de estudo (especialmente na estação B) pode ser atribuído ao elevado conteúdo orgânico, materiais vegetais e animais em decomposição e afluentes domésticos. Isto requer grandes quantidades de oxigénio dissolvido para a decomposição.

As concentrações de metais pesados foram mais elevadas nos sedimentos, intermédias nos peixes e mais baixas na água. As concentrações de metais pesados foram ordenadas da seguinte forma: ferro>zinco>manganês>cobre>chumbo>crómio>níquel>cádmio. Este resultado apoia a hipótese de que o sedimento é o principal sumidouro da poluição por metais vestigiais e desempenha um papel importante na absorção de metais pesados pelos peixes (Luoma e Bryan, 1978). Os sedimentos em suspensão (por exemplo, partículas finas de areia) são absorvidos pelos peixes durante a sua alimentação. Os metais pesados contidos nos sedimentos são depois absorvidos e armazenados nos tecidos (Gao, 2001).

Durante os estudos de toxicidade aguda, foram observados efeitos tóxicos dos metais pesados testados no comportamento dos organismos testados, que incluíram perda de equilíbrio, fraqueza, branqueamento da pele, respiração ofegante à superfície da água, com bolhas de ar no meio de ensaio, e uma camada espessa de muco na pele dos animais testados, que morreram no prazo de 96 horas. Verificou-se também uma redução da atividade indicada pelo posicionamento vertical e pela mobilidade reduzida dos peixes no meio de ensaio.

As tolerâncias de toxicidade do peixe *C. gariepinus* ao Cu e ao Zn no presente estudo dependem da dose e da duração. Verificou-se que a mortalidade aumenta com o aumento da concentração. Os valores LC50 dos dois metais pesados mostraram a suscetibilidade do peixe-gato a concentrações letais numa exposição aguda de curto prazo. Isto confirma as observações semelhantes registadas por investigadores em todo o mundo, como no caso de *Oncorhynchus mykiss, Salvelinus confluentus* e *Oncorhynchus tshawytscha* (Finalayson e Verrue, 1982; Hansen *et al,* 2002), guppy, *Poecilia reticulata* (Yilmaz *et al.,* 2004), *Cyprinus carpio* (Muley *et al.,* 2000; Dardenne *et al.,* 2007), tilápia do Nilo, *Oreochromis niloticus* (Garcia *et al.,* 2006) e Rohu, *Labeo rohita* (Dutta e Kaviraj, 2001).

O cobre é mais tóxico do que o zinco para o *C. gariepinus* com LC50 de 2,7 e 16,51, respetivamente. Otitoloju e Don-Pedro, que estabeleceram a ordem de classificação da toxicidade dos metais pesados e as escalas de sensibilidade dos animais bentónicos que habitam a lagoa de Lagos, referiram que o Cu era mais tóxico do que o Zn.

Atualmente, em todo o mundo, os metais pesados são introduzidos no ambiente aquático através de processos industriais, lixiviação do solo, actividades mineiras, eliminação de águas residuais e precipitação. Os metais pesados são relativamente tóxicos, mesmo em concentrações bastante baixas, e afectam a sobrevivência de todos os outros organismos aquáticos. Stebbing e Fandino (1983) referiram que os efeitos biológicos adversos dos metais pesados no ambiente aquático se devem principalmente à sua natureza complexa. Quando a concentração do tóxico na massa de água é muito elevada, resulta na morte dos peixes. Por isso, a morte de um organismo foi considerada anteriormente como o ponto final dos estudos toxicológicos (Jones e Reynolds, 1997). No entanto, Adams (1990) afirmou que as concentrações subletais de substâncias tóxicas também induzem alterações substanciais na organização biológica dos peixes. Os valores LC50 derivados de investigações toxicológicas são muito úteis para determinar a concentração subletal de um metal.

Estes estudos são muito úteis para avaliar a sequência de acontecimentos que envolvem a resposta do animal testado a concentrações subletais (Nobbs e Pearu, 1976; Perkin, 1979). Assim, a fim de derivar concentrações subletais e avaliar a resposta dos peixes a concentrações subletais, os valores LC50 são de importância primordial no atual cenário de mudança da poluição ambiental.

Os peixes são largamente utilizados para avaliar a qualidade do ambiente aquático e, como tal, podem servir de bio-indicadores da poluição ambiental (Lopez *et al.,* 2001). Sabe-se que muitos poluentes ambientais, incluindo os metais pesados, induzem o stress oxidativo através da geração de ROS (espécies reactivas de oxigénio) (Almroth, 2008). Um nível elevado de ROS nos tecidos conduz a danos celulares quando a taxa da sua geração ultrapassa a taxa da sua decomposição pelos sistemas de defesa antioxidantes. Verificou-se que a exposição dos organismos de ensaio a concentrações subletais de metais pesados (Cu e Zn) causava um aumento do nível de peróxidos lipídicos (medidos como MDA), indicativo de stress oxidativo nos animais expostos em comparação com o controlo. Este resultado está de acordo com as conclusões de Olushola *et al.,* (2014) Achuba e Osakwe (2003), Avci *et al.,* (2005), Otitoloju e Olagoke (2011). O aumento do LPO é devido a um efeito inibitório no sistema de transporte de electrões mitocondrial que leva à estimulação da produção de ROS intracelular (Stohs *et al.,* 2001). As medições dos níveis de peróxidos lipídicos em plantas e tecidos animais expostos a diferentes poluentes têm sido reconhecidas como um sinal de alerta precoce fiável da exposição ao stress ambiental e integradas em programas de monitorização ambiental (Avci *et al.,* 2001, (Fatima e Ahmad, 2005).

Vários estudos sobre organismos aquáticos demonstraram a importância das defesas antioxidantes enzimáticas na proteção dos sistemas celulares contra o stress oxidativo induzido por xenobióticos (Valavanidis *et al.*, 2006). A atividade das enzimas antioxidantes pode ser aumentada ou inibida sob stress químico, dependendo da intensidade e da duração do stress aplicado, bem como da suscetibilidade das espécies expostas. Neste estudo, a atividade da enzima SOD foi inibida nos tecidos do fígado dos peixes expostos aos metais pesados (Cu e Zn) após 21 dias, quando comparada com o controlo. Este resultado está de acordo com as conclusões de Faramobi *et al.* (2007), Otitoloju e Olagoke (2011), Saliu e Bawa-Allah (2012). A enzima SOD é conhecida por proporcionar citoprotecção contra danos induzidos por radicais livres, convertendo radicais superóxidos (O_2^-) gerados em peroxissomas e mitocôndrias em peróxidos de hidrogénio. O peróxido de hidrogénio é então removido do sistema pela enzima CAT, que o converte em água e oxigénio molecular (O_2). A inibição da enzima SOD pelos produtos químicos em estudo conduzirá, por conseguinte, a um aumento do stress oxidativo nos tecidos, em resultado das actividades nocivas dos radicais superóxido (O_2^-). Além disso, espera-se que a inibição da enzima SOD resulte numa redução da atividade da enzima CAT, devido a uma diminuição da produção de H2O2 a partir das actividades da SOD. Este foi, de facto, o caso neste estudo, uma vez que se verificou uma redução da atividade da CAT nos peixes expostos após 21 dias de exposição aos metais pesados, em comparação com o controlo. Uma observação semelhante de uma diminuição da atividade da CAT após uma inibição da atividade da enzima SOD foi relatada por Fatima e Ahmad (2005), Otitoloju e Olagoke (2011) e Saliu e Bawa-Allah (2012)

A GST é uma enzima citosólica ou microssomal que catalisa a conjugação da glutationa reduzida (GSH) com produtos oxidativos, como os 4-hidroxialcenos (peróxidos de membrana) e/ou propenos de base, resultantes da degradação oxidativa do ADN (Leaver e George,1998). Também desempenha um papel importante na proteção dos tecidos contra o stress oxidativo [(Fournieret *al.*, 1992) (Jifa *et al.*, 2006)]. Neste estudo, a atividade da GST foi reduzida nos tecidos do fígado dos peixes expostos aos metais pesados após 21 dias, quando comparada com o controlo. Este resultado está de acordo com as conclusões de Olushola *et al* (2014), Otitoloju e Olagoke, 2011 e Saliu e Bawa-Allah, 2012. A deficiência nas enzimas antioxidantes produzirá um desequilíbrio entre os sistemas pró e antioxidantes, causando a formação de radicais hidroxilo tóxicos, com consequências diretas na integridade celular e nas próprias funções celulares (Dorvalet *al.*, 2003). O nível de atividade da GSH neste estudo também foi reduzido nos peixes expostos aos metais pesados após 21 dias, quando comparado com o controlo. É muito mais reduzido nos níveis ambientais destes metais do que o $1/10^{th}$ LC_{50} dos metais. Este resultado está de acordo com os resultados de Olushola *et al* (2014) que relataram uma diminuição no nível de atividade de GST-GSH no fígado de *C. gariepinus* pós-juvenil exposto a após 30 dias de $ZnCl_2.4H_2O$.

Investigações recentes sobre as alterações das defesas antioxidantes mostraram que estas podem ser utilizadas como biomarcadores do stress oxidativo causado por vários poluentes em organismos aquáticos (Manduzio *et al.*, 2003). Bocchettii *et al.*, 2004 confirmaram também o papel dos sistemas enzimáticos antioxidantes em condições ambientais poluídas e a sua importância em estudos ecotoxicológicos sensíveis. A utilização de respostas bioquímicas como biomarcadores durante programas de monitorização ambiental deriva da base de que um efeito tóxico se manifesta a nível subcelular antes de se tornar aparente a níveis mais elevados da organização biológica. A medição destas respostas bioquímicas pode, por conseguinte, servir para melhorar a avaliação de exposições biologicamente significativas a substâncias químicas tóxicas e aumentar a capacidade de avaliar o risco dos efeitos dos poluentes na saúde e na sobrevivência das populações expostas a substâncias tóxicas.

Os metais pesados são conhecidos pela sua forte ação nos tecidos biológicos (Moore *et al.*, 2005). Os iões metálicos, uma vez absorvidos pelo organismo, são capazes de reagir com uma variedade de locais de ligação ativa, podendo assim perturbar a fisiologia normal de um organismo. As enzimas séricas, como a ALP, ACP, AST e ALT, são biomarcadores sensíveis em ecotoxicologia, uma vez que fornecem um alerta precoce de alterações potencialmente perigosas em organismos aquáticos contaminados (Levesque *et al.*, 2002; Canli 1996 e Lakshmi *et al.*, 1991).

A fosfatase alcalina (ALP) e a fosfatase ácida (ACP) são enzimas lisossómicas ligadas à membrana. Estas enzimas sintetizadas no fígado catalisam a hidrólise de ésteres de monofosfato e as suas actividades estão normalmente relacionadas com danos celulares. As transaminases, glutamato piruvato transaminase (GPT) e glutamato oxalato transaminase (GOT) produzidas no fígado, por outro lado, desempenham um papel importante no metabolismo das proteínas e dos aminoácidos. No fígado de peixes saudáveis, as transaminases estão localizadas nas mitocôndrias. Assim, qualquer variação na concentração destas enzimas reflecte muito claramente o estado hepático do peixe.

Atualmente, observou-se um aumento significativo ($p<0{,}05$) tanto das fosfatases como das transaminases em *C. gariepinus* após a sujeição a várias concentrações sub-letais de cobre e zinco, que é $1/10^{th}$ dos valores LC50 e dos níveis ambientais dos metais pesados. A revisão da literatura também revela que o cobre e o zinco também induziram anteriormente um aumento significativo das fosfatases e transaminases séricas (Reddy, 1990; Karan *et al.*, 1998; Canli e Atli, 2007 e Oner *et al.*, 2008).

O fígado é o principal órgão de remoção de xenobióticos e biocidas nos peixes (Dartmouth, 2005). As alterações metabólicas no fígado dos peixes são afectadas por vários poluentes, incluindo produtos químicos orgânicos e inorgânicos, devido às alterações das actividades enzimáticas celulares. A intoxicação por metais, ao que parece, resulta possivelmente na libertação destas enzimas (fosfatases e transaminases) para a circulação, o que, segundo o presente autor, pode ter sido causado por danos no tecido hepático sob o estado de stress criado pela toxicidade do metal. Devido à deterioração da arquitetura celular, estas enzimas podem ser libertadas/derramadas das células hepáticas que se tornaram necróticas com membranas celulares degeneradas. Uma vez libertadas das células hepáticas, estas enzimas entram na circulação geral, o que pode levar a um aumento da sua concentração no sangue. Gill e Pant (1981), Sastry e Subhadra (1985), Benson *et al.* (1987), Shakoori *et al.* (1990), Sharma (1995) e Hadi *et al.* (2009) também defenderam o aumento das actividades enzimáticas dos peixes sob stress de xenobióticos. Todos estes trabalhadores atribuíram igualmente o aumento da concentração destas enzimas à disfunção hepática prejudicada causada pela degeneração do tecido hepático.

Com base nos presentes resultados e discussão, pode concluir-se que ambos os metais pesados (viz., cobre e zinco) induziram alterações bioquímicas séricas acentuadas em *C. gariepinus*. O exame dos parâmetros bioquímicos pode, assim, ser útil como instrumento de diagnóstico em toxicologia de peixes para identificar o seu estado geral de saúde e os órgãos-alvo afectados pelos tóxicos.

As alterações histopatológicas atribuídas à exposição prolongada a metais pesados resultaram em comprometimento respiratório, osmorregulatório e circulatório. Estes resultados foram demonstrados por Fernandeset *al.,* (2008). Além disso, Alvarado *et al.* (2006) referiram que o aumento dramático das células de cloreto nas brânquias, que produz um espessamento epitelial do epitélio filamentar, aumenta a migração das células de cloreto até ao bordo das lamelas secundárias e provoca a hipertrofia e a fusão das lamelas secundárias. Estas respostas podem ser consideradas como biomarcadores inespecíficos da exposição a metais pesados e perturbações da saúde dos peixes.

As brânquias apresentaram lamelas secundárias fundidas, hepatócitos, edema grave, fusão e descamação focal do revestimento epitelial das lamelas secundárias. De acordo com Mallatt (1985), o edema do epitélio branquial é uma das principais alterações estruturais causadas pela exposição a metais pesados. Os resultados confirmam esta lesão da exposição a metais pesados. É por vezes referido como um primeiro sinal de patologia (Thophon *et al.* 2003). A proliferação celular no epitélio branquial também é observada em peixes expostos a diferentes poluentes, tal como descrito por Gardner e Yevich 1970 e Thophon *et al.* 2003. A elevação, o inchaço e a hiperplasia do epitélio branquial podem servir como uma função de defesa, uma vez que estas alterações aumentam a distância através da qual os irritantes transportados pela água têm de se difundir para chegar à corrente sanguínea. A fusão lamelar pode ser protetora, uma vez que reduz a área vulnerável da superfície branquial (Mallatt 1985). No entanto, as respostas branquiais que servem para retardar a entrada de substâncias tóxicas têm o efeito secundário indesejável de prejudicar as trocas gasosas. Este facto foi descrito por Benson *et al* (1987), que observaram uma diminuição da função respiratória de *Notemigonus crysoleucas* expostos ao Cd.

O fígado apresentava degeneração dos hepatócitos, congestão da veia central, hemorragias e esteatose. Estes resultados foram evidentes, uma vez que o fígado é considerado o órgão de desintoxicação, excreção e ligação de proteínas como a metalotioneína (MTs). As proteínas de ligação a metais estavam presentes nos núcleos dos hepatócitos, o que sugere que o aumento dos danos celulares (De Smet e Blust 2001). Resultados semelhantes foram observados por Van Dyk (2003) e Mela *et al.,* (2007). O fígado dos peixes é sensível aos contaminantes ambientais porque muitos contaminantes tendem a acumular-se no fígado, expondo-o a níveis muito mais elevados do que no ambiente ou noutros órgãos (Heath 1995).

Os resultados indicam que a contaminação por metais pesados (cobre e zinco) afecta definitivamente a vida aquática do *C. gariepinus*. Por conseguinte, é essencial um método científico de desintoxicação para melhorar a saúde destes peixes económicos em quaisquer condições ambientais de stress. Os peixes contaminados por metais pesados sofrem alterações patológicas, com a consequente inibição dos processos metabólicos, alterações hematológicas e declínio da fertilidade e da sobrevivência.

90% dos inquiridos são do sexo masculino e os restantes 10% do sexo feminino, sendo a faixa etária mais elevada de 31 anos ou mais (65%). A maioria (75%) dos inquiridos tem entre 3 e 10 anos de experiência.

Neste estudo, foi fortemente consensual que as madeiras são provenientes de diferentes áreas dentro e fora de Lagos. Estas madeiras são transportadas através da massa de água para a serração. Como resultado, alguns produtos químicos utilizados na preservação da madeira entram indiretamente na massa de água. Existem cerca de 20 fábricas de serração nas serrações de Okobaba e cada uma delas produz toneladas de resíduos de madeira diariamente,

Foi fortemente acordado que os resíduos de madeira gerados durante os processos são armazenados junto à lagoa e que são arrastados pela água e pelas ondas para a lagoa. Os trabalhadores concordaram que a serradura e outros resíduos de madeira são continuamente queimados e que isso os afecta.

76,67% deles são do sexo masculino e os restantes 23,33% do sexo feminino. 46% deles residem em Okobaba, enquanto 31,67% residem em Makoko e os restantes residem perto de Okobaba. Foi acordado que a principal ocupação dos residentes é a pesca e que dependem da lagoa para as suas actividades de pesca. Os pescadores concordaram que há uma redução drástica nas suas captações, o que pode implicar a redução da biodiversidade de peixes na lagoa.

Os inquiridos concordaram fortemente que o pó de serra e outros resíduos de madeira são armazenados junto à lagoa. Os inquiridos concordaram que estavam conscientes de que os resíduos de madeira podiam ser utilizados para uso local, o que corrobora o estudo de Omoniyi *et al.,* (2013) que afirmou que os resíduos de madeira são frequentemente utilizados para fazer briquetes, camas de aves e carvão.

Os inquiridos concordaram que o pó de serra armazenado e outros resíduos de madeira são arrastados pela água durante a atividade das ondas e refluem e fluem para o lago das marés, o que, por sua vez, causa poluição na massa de água e aumenta o nível dos sedimentos.

5.1 Recomendação e conclusão

Poderão ainda ser efectuadas análises complementares para demonstrar o efeito da poluição sobre os organismos presentes na zona.

1. Deslocação da serração de Okobaba para uma zona que a possa conter sem causar problemas

ao ambiente.

2. O transporte de toros de madeira não deve ser efectuado por água, mas sim por qualquer outro meio que respeite o ambiente.
3. Deve ser efectuada uma avaliação biológica regular do ambiente e o resultado obtido deve ser utilizado para remediar o nível de poluição da água.

Em conclusão, o presente trabalho indica que os metais pesados, como o cobre e o zinco, provocam alterações consideráveis nas actividades bioquímicas e histológicas e são susceptíveis de induzir danos nos tecidos do *C. gariepinus*. Por conseguinte, estes produtos químicos devem ser manuseados com cuidado e a sua entrada deve ser evitada no ambiente aquático

REFERÊNCIAS

Allen, P. (1995). Perfis de acumulação de chumbo e cádmio nos tecidos comestíveis de Oreochromis aureus durante a exposição aguda. *Journal of Fish Biology*. **47**(4):559-568

Amundsen, P., Staldvik, F., Lukin, A., Kashulin, N., Popova, O. e Reshetnikov, Y. (1997). Contaminação por metais pesados em peixes de água doce da região fronteiriça entre a Noruega e a Rússia. *Sci. Total Environ.*, **201**: 211-224.

Asuquo, F.E., Ewa-Oboho, I.A., Asuquo, E.F. e Udoh, P.J. (2004). Espécies de peixes utilizadas como biomarcadores para a contaminação por metais pesados e hidrocarbonetos no rio Cross, Nigéria, *Environmentalist, **24**:* 29-37.

Cogun, H.Y. e Kargin, F. (2004). Efeitos do PH na mortalidade e acumulação de cobre nos tecidos de Oreochromis niloticus. *Chemosphere*, ***55***: 277-282.

Cruz-Guzman, M., Celis, R., Hermosm, M.C., Koskinen, W.C., Nater, E.A. e Cornejo, J. (2003). Sorptiondesorption of lead (II) and mercury (II) by model associations of soil colloids. *Soil Sci. Soc. Am. J.*, ***67***(5): 13-78.

Cui, Y.J., Zhu, Y.G., Zhai, R.H., Chen, D.Y., Huang, Y.Z., Qiu, Y. e Liang, J.Z. (2004). Transferência de metais do solo para os vegetais numa área próxima de uma fundição em Nanning. China. *Environ. Int.* ***30***: (6) 785

De Wet, L.M., Schoonbee, H.J., De Wet, L.P.D. e Wild, A.J.B. (1994). Bioacumulação de metais pela cria da boca do sul, Pseudocrenila bras philander (Weber, 1897) de um represamento poluído com aminas. *Water SA*, ***20***: 119-126.

Demirak, A.F., Yilmaz, A.L., Ozdemir, T. e Ozdemir, N. (2006). Heavy metals in water, sediment and tissues of *Leuciscus cephalus* from a stream in southwestern Turkey, *Chemosphere, **63***: 1451-1458.

Dorval, J., Leblond, V.S. e Hontela, A. (2003). Stress oxidativo e perda de secreção de cortisol em células adrenocorticais de truta arco-íris (*Oncorhynchus mykiss*) expostas in vitro ao endosulfan, um pesticida organoclorado. *Aquatic Toxicology*, **63**: 229-241.

Duran, A., Tuzen, M. e Soylak M. (2007). Níveis de oligoelementos em algumas amostras de frutos secos da Turquia. *Jornal Internacional de Ciência Alimentar e Nutrição, **59**:* 581-589.

Ebrahimpour, M. e Mushrifah, I. (2010). Variação sazonal das concentrações de cádmio, cobre e chumbo em peixes de um lago de água doce, Elem. *Res Biol. Trace., **138***: 190-201.

Ergin, M., Saydam C., Basturk O., Erdem E. e Yoruk, R. (1991). Concentrações de metais pesados em sedimentos de superfície de duas enseadas costeiras (Estuário do Corno de Ouro e Baía de Izmit) do Nordeste do Mar de Mármara. *Chem. Geol., **91***(3): 269..

F.A.O. (1991). Fish for Food and Employment. Organização das Nações Unidas para a Alimentação e a Agricultura, Roma.

Fatima, R. A. e Ahmad, M. (2005). Certain antioxidant enzymes of Allium cepa as biomarkers for the detection of toxic heavy metals in wastewater. *Science of the Total Environment, **346***: 256-273.

Forstner, U. e Wittmann, G.T.W. (1983). Metal pollution in aquatic environment. Berlim, *Springer-Verlag,* 30-61pp.

Fournier, D., Bride, J.M., Poirie, M., Berge, J.B. e Plapp, F.W. (1992). Insect glutathione-S-transferase: Biochemical characteristics of the major forms of houseflies susceptible and resistant to insecticides. *Journal of Biological Chemistry, **267***: 1840-1845.

Grieb, T.M., Bowie Driscoll, C.T., Gloss, S.P., Schofield, C.L. e Porcella, D.B. (1990). Factores que afectam a acumulação de mercúrio em peixes na Península Superior do Michigan. *Environmental Toxicology Chemistry*, ***9***(7): 919-930.

Grosell, M., Blanchard, J., Brix, K. e Gerdes, R. (2007). A fisiologia é fundamental para as interações entre a salinidade e a toxicidade aguda do cobre para peixes e invertebrados. *Aqu. Toxicol.,* **84**: 162-172.

Heath, A.G. (1987). Water pollution and Fish physiology. CRC press, Florida, USA,245pp.s

Hongjun, W., Youguang, L. e Chang, J. (2013). Toxicidade aguda, reação respiratória e sensibilidade de três espécies de peixes ciprinídeos causadas pela exposição a quatro metais pesados. *PLOS*

One, **8**(6): e65282.

Jabeen, F. e Chaudhry, A.S. (2010). Impactos ambientais das actividades antropogénicas na absorção de minerais em Oreochromis mossambicus do rio Indus em Pakista, *Environ. Monit. Assess.*, **166**: 641-651.

Jezierska, B. e Witeska, M. (2001). Toxicidade dos metais nos peixes. *Wydawinctwo Akademii Podlaskiej Siedlce*, 318p.

Jifa, W., Zhiming, Y., Xiuxian, S. e You, W. (2006). Resposta de biomarcadores integrados de peixes (Lateolabrax japonicus) expostos a benzo(a)pireno e dodecilbenzeno sulfonato de sódio. *Ecotoxicologia e Segurança Ambiental*, **65**: 230-236.

Leaver, M.J. e George, S.G. (1998). A piscine glutathione-S-transferase which efficiently conjugates the end-products of lipid peroxidation. *Marine Environmental Research*, **46**: 71-74.

Lenntech Water Treatment and Air Purification (2004). Water Treatment, publicado por Lenntech, Rotterdamseweg, Países Baixos (www.excelwater.com/thp/filters/Water- Purification.htm)

Longhurst, A.R. (1961). Relatório sobre as Pescas. Ministério do Desenvolvimento Económico, Lagos.

MacFarlane, G.B. e Burchettt, M.D. (2000). Distribuição celular de Cu, Pb e Zn no Mangue cinzento Avicemnia marina(Forsk.). *Vierh Aquatic Botanic, **68**:* 45-59

Mahino, F. e Nazura, U. (2013). Histopatologia e bioacumulação de metais pesados (Cr, Ni e Pb) em tecidos de peixes (*Channa striatus* e *Heteropneustes fossilis*): Um estudo da toxicidade e do impacto ecológico. *Jornal Paquistanês de Ciências Biológicas*, ***16***: 412-420.

Manduzio, H., Monsinjon, T., Rocher, B., Leboulenger, F. e Galap, C. (2003). Caracterização de uma isoforma induzível da superóxido dismutase Cu/Zn no mexilhão azul *Mytilus edulis*. *Aquatic Toxicology*, ***64***: 73-83.

Olagoke, O. (2008). Peroxidação lipídica e enzimas de defesa antioxidante em Clarias gariepinus como biomarcadores úteis para monitorizar a exposição a hidrocarbonetos aromáticos policíclicos. (Dissertação de Mestrado). Universidade de Lagos, Lagos, Nigéria, 70pp.

Per-Arne, S.J., Frode, L.A., Anatolijn, K.A., Nikolai, P.A. e Olga, R.S. (1997). Contaminação por metais pesados em peixes de água doce da região fronteiriça entre a Noruega e a Rússia. *J. Total. Environ.* ***201***(3): 211-224.

Playle, R.C., Gensemerand R.W. e Dixon, D.G. (1992). Copper accumulation on gills of Fathead minnows: Influence of water hardness, complexation and pH of the gill microenvironment. *Environmental Toxicology Chemistry*, ***11***(3): 381-391.

Poleksic, V., Lenhardt, M., Jaric, I., Diordjevic, D., Gacic, Z., Cvijanovic, G. e Raskovic, B. (2010). Fígado, brânquias e histopatologia da pele e teor de metais pesados do esterlino do Danúbio (Acipenser ruthenus Linnaeus, 1758). *Toxicologia e Química Ambiental*, ***29***(3): 515-521.

Radwan, M.A. e Salama, A.K. (2006). Estudo do cabaz de compras para alguns metais pesados em frutas e legumes egípcios. *Food and Chemical Toxicology,* ***44***: 1273-1278.

Raja, P., Veerasingam, S., Suresh, G., Marichamy, G. e Venkatachalapathy, R. (2009). Concentração de metais pesados em quatro espécies de peixes comestíveis marinhos de valor comercial da costa de Parangipettai, na costa sudeste da Índia. *Indian International Journal of Animal Veterinary Advances,* **1**: 10-14.

Romeo, M., Siau, Y. e Sidoumou, Z. (1999). Gnassia-Barelli M. Distribuição de metais pesados em diferentes espécies de peixes da costa da Mauritânia. *Sci. Total Environ.*, **232**: 169-175.

Schludermann, C., Konecny, R., Laimgruber, S., Lewis, J.W., Schiemer, F., Chovanec, A. e Sures, B. (2003). Macroparasitas de peixes como indicadores de poluição por metais pesados em sítios fluviais na Áustria. *Parasitology,* **126**: 61-69.

Selda, O.T. e Nursah, A. (2012). Relação de Metais Pesados na Água, Sedimentos e Tecidos com o Comprimento Total, Peso e Estações de *Cyprinus carpio* L., 1758 do Lago Isikli (Turquia), *Pakistan J. Zool.,* **44**(5): 1405-1416.

Shinn, C.A., Dauba, F., Grenouillet, G., Guenard, G. e Lek, S. (2009). Variação temporal da contaminação por metais pesados em peixes do rio lot no sul de França, *Ecotoxicol. Environ. Saf.* **72**: 1957-1965.

Stagg, R.M. e Shuttleworth, T.J. (1982). The accumulation of copper in Platichthys flesus L. and its effects on plasma electrolyte concentrations. *Journal of Fish Biology*, **20**(4): 491500.

Tuzen, M. e Soylak, M. (2007). Avaliação do conteúdo de oligoelementos em alimentos enlatados comercializados na Turquia. *Food Chemistry,* **102**: 1089-1095.

Programa de Ação Mundial das Nações Unidas para a Proteção do Ambiente (2004). Why The Marine Environment Needs Protection From Heavy Metals, Heavy Metals 2004, PNUA/PGA Gabinete de Coordenação (http://www.oceansatlas.org/unatlas/uses/uneptextsph/wastesph/2602gpa.)

Departamento do Trabalho dos Estados Unidos (2004). Occupational Safety and Health Administration (OSHA); Safety and Health Topics: Heavy metals, Publicação do USDOL, Washington,D.C .(www.osha.gov/SL-TC/metalsheavy/index.html).

Valavanidis, A., Vlahogianni, T., Dassenakis, M. e Scoullos, M. (2006). Biomarcadores moleculares de stress oxidativo em organismos aquáticos em relação a poluentes ambientais tóxicos. *Ecotoxicologia e Segurança Ambiental*, **64**: 178-189.

Wan, X., Wang, J.Y., Ye, J.H., Wang, P. e Zhan, Z.M. (2013). Análise da distribuição e conteúdo da poluição por metais pesados no corpo do peixe com espetroscopia de decomposição induzida por laser. *NCBI,* **33**(1): 206-209

Wilson, B. e Pyatt, F.B. (2007). Dispersão, persistência e bioacumulação de metais pesados em torno de uma antiga mina de cobre situada em Anglesey. UK. *Ecotoxicol. Environ. Safe.,* **66**(2): 224

Yamazaki, M., Tanizaki, Y. e Shimokawa, T. (1996). Silver and other trace elements in a freshwater fish, Heavy metals concentration in edible fishes from coastal region of Kalpakkam, southern part of India. *Environmental Monitoring Assessment*, **184**: 50975104.

Yousafzai, A.M., Chivers, D.P., Khan, A.R., Ahmad, I. e Siraj, M. (2010). Comparação da carga de metais pesados em dois peixes de água doce *Wallago attu* e *Labeo dyocheilus* no que respeita aos seus hábitos alimentares no ecossistema natural, *Pak. J. Zool.,* **42**(5): 537-544.

Zhou, T., Weis, P. e Weis, J.S. (1998). Mercury burden in two populations of Fundulus heteroclitus after sublethal methyl mercury exposure (Carga de mercúrio em duas populações de Fundulus heteroclitus após exposição subletal ao metil mercúrio). *Aquatic Toxicology*, **42**: 37-47.

APÊNDICE

QUESTIONÁRIO PARA SERRAÇÕES

ON

AVALIAÇÃO TOXICOLÓGICA E DO DESENVOLVIMENTO DE SUBSTÂNCIAS ORGÂNICAS

EXTRACTOS DE SEDIMENTOS DE OKOBABA EM *OREOCHROMIS NILOTICUS*

Bom dia,

Este questionário procura investigar as fontes de poluição para a comunidade da orla de Okobaba e possíveis mitigações a serem postas em prática para aliviar os efeitos da poluição. Trata-se de um trabalho puramente académico e, como tal, é garantida a máxima confidencialidade das informações fornecidas. Agradecemos a vossa colaboração na resposta às seguintes perguntas. Obrigado.

SECÇÃO A: DADOS PESSOAIS/BIODADOS

Género: Masculino [ ] Feminino [

Faixa etária: 10-15 [ ] 16-20 [ ] 21-25 [ ] 26-30 [ ] 31-35 [ ] 36 e [ ]

acima [ ] (J

Formação académica: PrimárioSecundárioTerciário [ ] Outros [

Residência: Okobaba [ ] Makoko [ ] Outros [ ]

Número de anos de experiência em serração de madeira:

5-10 [ ] 11-15 [ ] 16-20 [ ] 21 e mais [ ]

SECÇÃO B

INSTRUÇÃO: Assinale (√) na coluna correspondente à opção do seu escolha.

CHAVE DE CLASSIFICAÇÃO (ESCALA DE TIPO LIKERT)

Concordo totalmente **(SA)** 4 pontos

Concordo (**A**) 3pontos

Discordar (**D**) 2pontos

Discordo totalmente (**DP**) 1 ponto

S/No	**Rafting of timbers to the saw mills and their preservations**	**SA**	**A**	**D**	**SD**
1	The timbers are sourced for from different areas within and outside Lagos				
2	The timbers are transported through the tidal pond				
3	The timbers are transported through log loader truck				
4	Aldrin is used in treating the timbers				
5	Chlordane are also use in preserving the timbers				
6	Solignum is the main insecticide used to treat the timbers				
7	There are about 20 saw-milling factories in the whole saw-mill				
8	There are at least 3 workers in each of the saw-milling factories				
9	Each of the factories process more than 10 timbers into timber products weekly				
10	Timber processing operation is done daily in each of the factories				

S/No	Storage and blazing of saw dust and other waste from timber processing	SA	A	D	SD
11	The saw dust and other wood wastes are stored adjacent to the Lagoon				
12	The stored saw dust and other wood wastes are washed by water and wave activities into the Lagoon				
13	There is continuous blazing of the saw dust and other wood wastes to reduce their piles				
14	The smoke from the blazing of the saw dust and other wood wastes affect the workers and other community dwellers				
15	The saw dust and other wood wastes that end up in water change the colour of the Lagoon around the saw-mill axes				
16	The saw dust and other wood wastes cause the sediment level to rise				
17	The rise in sediment level affect the movement of big vessel through the waterfront				
18	The saw dust and other wood wastes are used by people outside the community				
19	The saw dust are transported through the water by people from community adjacent to the waterfront				
20	Power generating plants are used during wood processing when there is power failure				

QUESTIONÁRIO PARA OS HABITANTES DAS COMUNIDADES

ON

AVALIAÇÃO TOXICOLÓGICA E DO DESENVOLVIMENTO DE SUBSTÂNCIAS ORGÂNICAS

EXTRACTOS DE SEDIMENTOS DE OKOBABA EM *OREOCHROMIS NILOTICUS*

Bom dia,

Este questionário procura investigar as fontes de poluição para a comunidade da orla de Okobaba e possíveis mitigações a serem postas em prática para aliviar os efeitos da poluição. Trata-se de um trabalho puramente académico e, como tal, é garantida a máxima confidencialidade das informações fornecidas. Agradecemos a vossa colaboração na resposta às seguintes perguntas.

Obrigado.

SECÇÃO A: DADOS PESSOAIS/BIODADOS

Sexo: Masculino [ ] Feminino [

Faixa etária: 7-15 [ ] 16-20[ ] 21-25[ ] 26-30 [ ] 31-35[ ] 36 e [ ]
acima [j [J

Ensino: PrimárioSecundárioTerciário [ ] Outros [

Residência: Okobaba [ ] Makoko [ ] Outros [

Ocupação: Pesca [ ] Estudantes [ ] Comércio [ ] Outros [

SECÇÃO B

INSTRUÇÃO: Assinale (√) a opção da sua escolha na coluna correspondente.

CHAVE DE CLASSIFICAÇÃO (ESCALA DE TIPO LIKERT)

Concordo totalmente **(SA)** 4 pontos

Concordo **(A)** 3pontos

Discordar **(D)** 2pontos

Discordo totalmente **(DP)** 1 ponto

S/No	Livelihood of the community dwellers as well as fishing activities	SA	A	D	SD
1	The major occupation of the community dweller is fishing				
2	Most of the people in the community and its environs are saw millers				
3	The Lagoon water is used by the community dweller for bathing				
4	The Lagoon water is not fit for drinking				
5	The Lagoon water produces foul smell				
6	Fish sellers around the waterfront smoke fish at their stands				
7	Tilapia is the major harvested fish in the Lagoon				
8	Catfish is occasionally harvested from the Lagoon				
9	Fishes are harvested on boat with the use of fishing net				
10	There is drastic reduction in the number of fishes in the Lagoon				

S/No	Waste management in and around the Lagoon	SA	A	D	SD
11	The waste materials generated from different activities around the waterfront are recycled				
12	Domestic wastes are dumped at the bank of the Lagoon are from different areas of the community				
13	Waste materials are segregated before dumping				
14	These wastes materials (nylon, pet bottles, foil, metals and others) end up in the Lagoon				
15	The waste materials are dumped and burnt at the shore of the Lagoon				
16	The waste materials in the water body are not degradable				
17	There are public toilets in and around the waterfront				
18	Community dwellers defaecate in the Lagoon				
19	Waste waters from the service providers (food venders, mechanics etc.) around the waterfront are emptied into the Lagoon				
20	Waste materials are pre-treated before dumping at the bank of the Lagoon				

JAWURA

ENVIRONMENTAL SERVICES LIMITED

Environmental Protection & Safety | Industrial Consultants | Analytical Chemists | Public Analyst / Waste Management

15 July 2016

- **Client's Name:** **Ajayi Olanike T & Adewuyi Taofeeq**
- **Date Received:** 29th June 2016. **Date of Analysis:** 30th June 2016
- **Sampling Method:** Brought in by Client

CHEMICAL ANALYSIS RESULTS OF WATER SAMPLES

PARAMETERS	Okobaba Water	Lagos Lagoon Water
Iron (mg/L)	0.92	0.62
Lead (mg/L)	<0.01	<0.01
Copper (mg/L)	<0.01	<0.01
Nickel (mg/L)	0.01	0.02
Cadmium (mg/L)	<0.01	<0.01
Zinc (mg/L)	<0.01	<0.01
Chromium (mg/L)	0.27	0.32
Manganese (mg/L)	0.06	0.05

Yours faithfully
For: **JAWURA ENVIRONMENTAL SERVICES LIMITED**

Mrs. Soia Gnanusi, M. Sc. Anal. Chem., MIPAN
Base Manager

HEAD OFFICE: 77, Ikorodu Road, Fadeyi (1st Floor), P. O. Box 4410, Shomolu, Lagos State, Nigeria.
Tel: 08033013378, 08023313330, 08074541544.

PORT-HARCOURT OFFICE: 27, St. Andrew Street, 2nd Floor, Rumuobiakani, Port-Harcourt, Nigeria.
Tel: 08033013378, 08033124281, 084-575281, 08023641034, 08051098483
Email: jawuralagos@gmail.com | info@jawura.com | Website: www.jawura.com

JAWURA
ENVIRONMENTAL SERVICES LIMITED

Environmental Protection & Safety | Industrial Consultants | Analytical Chemists | Public Analyst / Waste Management

15 July 2016

- **Client's Name:** **Ajayi Olanike T & Adewuyi Taofeeq**
- **Date Received:** 29th June 2016. **Date of Analysis:** 30th June 2016
- **Sampling Method:** Brought in by Client

CHEMICAL ANALYSIS RESULTS OF FISH SAMPLES

PARAMETERS	Okobaba Fish	High Rise Fish
Iron (mg/kg)	110.81	103.56
Lead (mg/kg)	<0.01	<0.01
Copper (mg/kg)	1.86	1.84
Nickel (mg/kg)	0.49	0.31
Cadmium (mg/kg)	0.06	0.04
Zinc (mg/kg)	18.72	44.29
Chromium (mg/kg)	0.54	0.95
Manganese (mg/kg)	6.06	14.49

Yours faithfully
For: **JAWURA ENVIRONMENTAL SERVICES LIMITED**

Mrs. Soia Onanusi, M. Sc. Anal. Chem., MIPAN
Base Manager

HEAD OFFICE: [illegible]

PORT-HARCOURT OFFICE: [illegible]

JAWURA
ENVIRONMENTAL SERVICES LIMITED

Environmental Protection & Safety | Industrial Consultants | Analytical Chemists | Public Analyst / Waste Management

15 July 2016

- **Client's Name:** **Ajayi Olanike T & Adewuyi Taofeeq**
- **Date Received:** 29th June 2016. **Date of Analysis:** 30th June 2016
- **Sampling Method:** Brought in by Client

CHEMICAL ANALYSIS RESULTS OF SEDIMENT SAMPLES

PARAMETERS	Okobaba Sediment	High Rise Sediment
Iron (mg/kg)	499.09	457.66
Lead (mg/kg)	6.66	<0.01
Copper (mg/kg)	12.19	4.85
Nickel (mg/kg)	3.83	5.17
Cadmium (mg/kg)	0.34	0.02
Zinc (mg/kg)	95.92	51.06
Chromium (mg/kg)	5.91	2.97
Manganese (mg/kg)	79.45	258.31

Yours faithfully
For: **JAWURA ENVIRONMENTAL SERVICES LIMITED**

Mrs. Sola Onanusi, M. Sc. Anal. Chem., MIPAN
Base Manager

HEAD OFFICE: 77, Ikorodu Road, Fadeyi (1st Floor), P. O. Box 4410, Shomolu, Lagos State, Nigeria.
Tel: 08033013378, 08023313530, 08074541544.

PORT-HARCOURT OFFICE: 27, St. Andrew Street, 2nd Floor, Rumuobiakani, Port-Harcourt, Nigeria.
Tel: 08033013378, 08033124281, 084-575281, 08023641034, 08051098483
Email: jawuralagos@gmail.com | info@jawura.com | Website: www.jawura.com

Quadro 6: Relação entre a concentração de cobre e a taxa de mortalidade de *Clarias gariepinus* (Burchell, 1822) para a exposição de 96 horas

Concentrations(mg/l)	Test animals	24h	48h	72h	96h
1	8	0	1	1	1
2.5	8	2	3	3	3
3.5	8	4	4	4	5
5	8	4	5	6	6
7	8	8	8	8	8
Control	8	0	0	0	0

Tabela 7: Relação entre a concentração de zinco e a taxa de mortalidade de *Clarias gariepinus* (Burchell, 1822) para a exposição de 96 horas

Concentration(mg/l)	test animals	24h	48h	72h	96h
5	8	0	1	1	1
15	8	0	2	3	4
25	8	0	2	3	5
35	8	3	5	6	6
50	8	4	6	7	7
Control	8	0	0	0	0

Limites de confiança

	Probability	95% Confidence Limits for conc_zincclarias			95% Confidence Limits for log(conc_zincclarias)[a]		
		Estimate	Lower Bound	Upper Bound	Estimate	Lower Bound	Upper Bound
PROBIT	0.01	1.705	.035	4.624	.232	-1.454	.665
	0.02	2.225	.069	5.496	.347	-1.164	.740
	0.03	2.634	.105	6.137	.421	-.980	.788
	0.04	2.991	.144	6.673	.476	-.842	.824
	0.05	3.316	.186	7.146	.521	-.730	.854
	0.06	3.621	.232	7.577	.559	-.635	.880
	0.07	3.911	.281	7.980	.592	-.551	.902
	0.08	4.191	.333	8.361	.622	-.477	.922
	0.09	4.462	.390	8.725	.650	-.409	.941
	0.1	4.728	.450	9.077	.675	-.347	.958
	0.15	6.005	.811	10.723	.779	-.091	1.030
	0.2	7.263	1.288	12.303	.861	.110	1.090
	0.25	8.550	1.907	13.916	.932	.280	1.144
	0.3	9.898	2.696	15.640	.996	.431	1.194
	0.35	11.337	3.688	17.558	1.055	.567	1.244
	0.4	12.895	4.918	19.784	1.110	.692	1.296
	0.45	14.607	6.417	22.483	1.165	.807	1.352
	0.5	16.513	8.201	25.919	1.218	.914	1.414
	0.55	18.667	10.266	30.509	1.271	1.011	1.484
	0.6	21.144	12.579	36.918	1.325	1.100	1.567

0.65	24.050	15.100	46.209	1.381	1.179	1.665
0.7	27.547	17.819	60.135	1.440	1.251	1.779
0.75	31.892	20.796	81.864	1.504	1.318	1.913
0.8	37.542	24.193	117.832	1.575	1.384	2.071
0.85	45.403	28.350	183.391	1.657	1.453	2.263
0.9	57.673	34.043	325.291	1.761	1.532	2.512
0.91	61.103	35.516	374.272	1.786	1.550	2.573
0.92	65.062	37.166	436.142	1.813	1.570	2.640
0.93	69.710	39.043	516.373	1.843	1.592	2.713
0.94	75.296	41.223	623.977	1.877	1.615	2.795
0.95	82.215	43.826	774.915	1.915	1.642	2.889
0.96	91.160	47.053	1000.401	1.960	1.673	3.000
0.97	103.502	51.292	1370.889	2.015	1.710	3.137
0.98	122.533	57.441	2087.031	2.088	1.759	3.320
0.99	159.878	68.487	4058.066	2.204	1.836	3.608

a. Logarithm base =

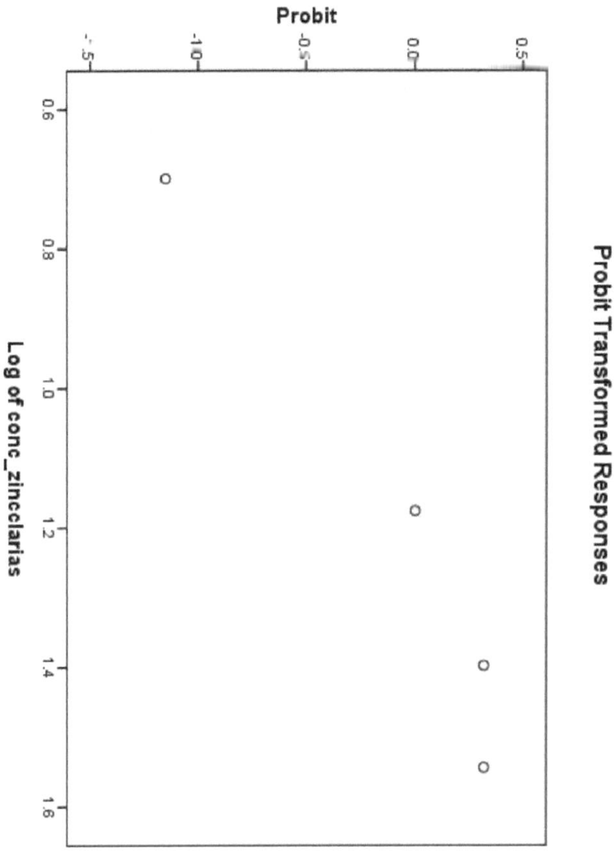

Limites de confiança

	Probability	95% Confidence Limits for conc_opperclarias			95% Confidence Limits for log(conc_zincclarias)[a]		
		Estimate	Lower Bound	Upper Bound	Estimate	Lower Bound	Upper Bound
PROBIT	0.01	.535	.053	1.062	-.272	-1.276	.026
	0.02	.647	.081	1.206	-.189	-1.091	.081
	0.03	.730	.106	1.309	-.137	-.973	.117
	0.04	.799	.130	1.392	-.097	-.885	.144
	0.05	.860	.154	1.464	-.066	-.814	.166
	0.06	.916	.177	1.529	-.038	-.753	.184
	0.07	.967	.200	1.589	-.014	-.700	.201
	0.08	1.016	.223	1.645	.007	-.653	.216
	0.09	1.063	.246	1.697	.026	-.610	.230
	0.1	1.107	.269	1.748	.044	-.570	.242
	0.15	1.313	.392	1.977	.118	-.407	.296
	0.2	1.504	.525	2.190	.177	-.280	.340
	0.25	1.690	.673	2.399	.228	-.172	.380
	0.3	1.876	.838	2.616	.273	-.077	.418
	0.35	2.067	1.021	2.849	.315	.009	.455
	0.4	2.266	1.223	3.109	.355	.088	.493
	0.45	2.476	1.446	3.409	.394	.160	.533
	0.5	2.702	1.689	3.769	.432	.228	.576
	0.55	2.949	1.949	4.216	.470	.290	.625
	0.6	3.224	2.225	4.787	.508	.347	.680

0.65	3.534	2.515	5.537	.548	.401	.743
0.7	3.893	2.821	6.550	.590	.450	.816
0.75	4.322	3.149	7.961	.636	.498	.901
0.8	4.855	3.516	10.017	.686	.546	1.001
0.85	5.560	3.950	13.245	.745	.597	1.122
0.9	6.595	4.523	19.040	.819	.655	1.280
0.91	6.872	4.667	20.812	.837	.669	1.318
0.92	7.187	4.826	22.934	.857	.684	1.360
0.93	7.549	5.006	25.531	.878	.699	1.407
0.94	7.976	5.211	28.796	.902	.717	1.459
0.95	8.492	5.453	33.050	.929	.737	1.519
0.96	9.141	5.747	38.884	.961	.759	1.590
0.97	10.008	6.125	47.526	1.000	.787	1.677
0.98	11.288	6.659	62.128	1.053	.823	1.793
0.99	13.647	7.583	94.961	1.135	.880	1.978

a. Logarithm base =

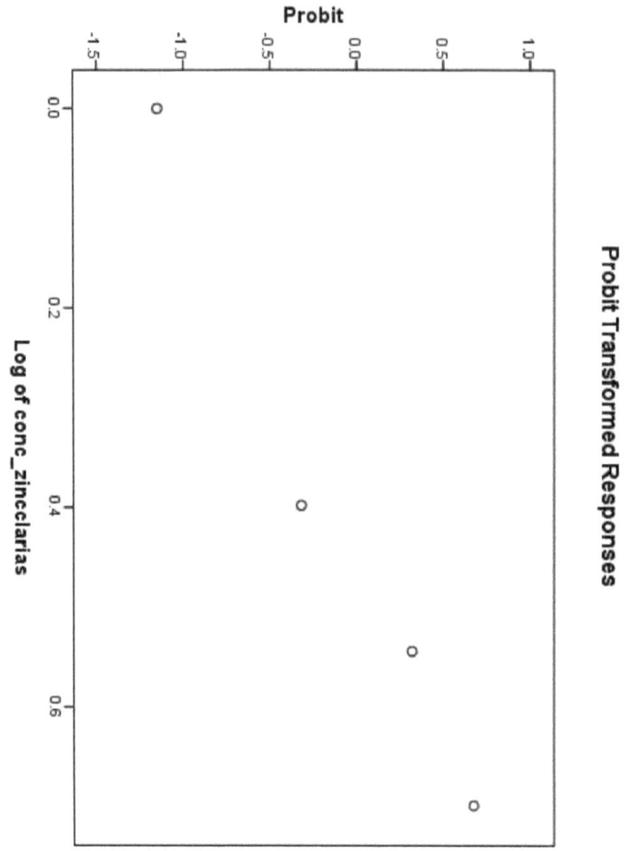
Probit Transformed Responses
Probit
1.0
0.5
0.0
-0.5
-1.0
-1.5
0.0
0.2
0.4
0.6
Log of conc_zincclarias

MIX
Papier aus verantwortungsvollen Quellen
Paper from responsible sources
FSC® C105338

Printed by Books on Demand GmbH, Norderstedt / Germany